U0178849

粤菜北渐记

周松芳

著

东方出版中心

目录

001　　　序（罗韬）

001　　　西餐先行：老北京的粤菜馆

024　　　旅食京华：容庚的北平食事及谭瑑青史事考略

043　　　食在广州：拓殖上海，消夜先行

053　　　各领风骚：粤菜名厨的上海往事

067　　　岭南珍味：风靡上海滩的广州信丰鸡

082　　　粤海通津：民国天津的粤菜馆

096　　　政海商潮："食在广州"的南京往事

128　　　九省通衢，商旅要津：民国武汉的粤菜馆

146　　　陪都即食都：民国重庆的粤菜馆

178　　　诗酒风流：民国昆明的粤菜馆

203　　　闽粤之粤：民国福建的粤菜馆

210　　　与文俱迁：民国桂林的粤菜馆

221　　　以食会友：酒中八仙与民国青岛的粤菜馆

234　　　一水情牵：食在广州的贵阳往事

246　　　靠海吃海：晚清民国的潮州菜

289　　　奇技谋生：粤籍学生的艰难食事

294　　　后记

序 ————罗韬

清初，顾炎武和屈大均都说过同一句话，叫"天地之气，由西北而东南"（《日知录·九州》《广东新语·文语》）。大概在顾炎武看来，主要还是着眼于宋明之间，西北渐衰而江南大盛；但在他的朋友屈大均看来，南而更南，已隐然看到广东势力之初露。这真是一句先知式的预言。两百多年之后，当晚清民国之际，天地之间气，已蔚然于五岭之南，广东当得起"南方之强"，足以耸动神州，南风北渐，沛然浩然。这一定已经出乎顾、屈二贤当日的想象，真可谓其势可料，而其盛不可测。

何谓盛？体现在多领域的"北渐"之势。如果借用佛家"六识"之说，所谓眼识、耳识、舌识、鼻识、身识、意识六端，广东人都产生过第一流的影响。意识不用说，康梁、郑观应、孙中山，此其至大者，人所共知。身识则数张竞生之性学研究，惊世骇俗，至今依然令人敬服。眼耳之识，从音乐的萧友梅、马思聪、冼星海，到绘画的林风眠、二高一陈，俱开前古未有之境，创千秋不朽之典，足以气压江南，风披中原。这些都已有专书，不烦喋喋。至于舌鼻之识，则要读松芳博士之《粤菜北渐记》。饮食岂小道哉！于松芳笔下，附庸蔚为大国，内容不外一匕一盏，广筵高阁，调和鼎鼐，妙运飞潜，但能容纳大千，反照政教工商之流，见区域之盛衰，风气之嬗变。可比马迁史笔，食货不可无志也！

松芳以治史之法、赏文之心来研究饮食，其聚材之丰，联类之广，辨析之细，真当世无两。私家日记、公家档案、旧报丛残、海外新书，无不一网打尽。顺手拈来，俱成铁证；穿穴爬梳，源流一清。

讲到食与货，岭南一地，水陆八珍，物产丰盛，自古而然；但古人说"多食肥甘，丈夫多夭"，对于岭南美食，多有讥诮，就算是能富能奢，亦未能精。说到底，还是因为文化话语之未立。唯有到晚清以后，岭南人文才开始为中原、江南士人所重。松芳认定晚清民国为岭南美食的黄金时期，是非常准确的。

看晚清民国之际粤菜的北渐史，其所以能驰骋九州、横绝一时，总而言之，大抵不出"官家定其品，文家扬其名，厨家精其艺，商家成其势"四端。

先说"官家定其品"。冯友兰评美国为"商国"，中国为"官国"，可谓简明。在旧中国，对于饮食，官家亦隐然操品藻之权，他们的评价就是一个重要的标尺。我们看《翁同龢日记》光绪十七年前后的记录，此时在京官中已隐然有一股"广东势力"，这是前史所未有的。而翁相国亦乐交这些粤籍京官，与他们多文酒之会，尤赏李文田家之顺德鱼生，还十分喜欢张荫桓家之治肴精洁，可以说，此时粤人庖厨已在京师初露锋芒。到了北洋政府期间，冯国璋大总统极赏粤菜，更成横跨政界食界的新闻。到国民政府阶段，于右任、谭延闿、孔祥熙、张道藩、翁文灏等"院长级"人物之喜尝粤菜，更是数不胜数。至于南京伪政府垮台以后，汪精卫的"御厨"仍挟其余焰，此人所做的云吞，在南京一时风头劲甚，店小名大。这一切，对粤菜的声价，都起到品题作用，难怪粤菜一时曾给人以"国菜"之感。

郁达夫诗"江山也要文人捧"。美食如江山，亦要文人捧。这就是"文家扬其名"了。在这里，文家们既是美食的欣赏者，也是具体指导者。本地江孔殷的太史家宴，北京谭瑑青的谭家菜，均出文化世家，词翰风流。余事治肴，竟得大名。尽管有厨名掩过文名之憾，但也是粤菜由奢入精的关捩。自此粤菜既有镬气，也有文气了。读本书可知，从无名记者到顶级文豪，他们对于粤菜，可谓默而知其味，歌以扬其声。鲁迅娶广东老婆嗜广东菜，是一个典型的爱粤者，他每每掷完"投枪匕首"之后，就要到粤菜馆东亚酒店享用佳馔，视为饭堂。至于陈垣、容庚、吴宓、顾颉刚等一流文人学者嗜食粤菜的故事，虽然只是近世学术史之闲笔，却是学人生活史的实录。邓云乡对于粤式炒虾仁的细致描写，汪曾祺对于"番薯糖水"的赞叹，梅兰芳对于北京恩承居葱爆肉丝的喜欢，都令人读来余香满口。我最佩服大名士齐如山，此公是写过《烹饪述要》的真正美食家，他对粤菜的总评：清淡味永。此四字最为扼要，亦最见境界。

广东人说"食嘢食味道"，道千道万，菜肴的灵魂还在于厨。此所谓"厨家精其艺"。齐如山讲到恩承居，讲到炒爆肚，其火候的掌握，不但讲究锅中之火，还讲究炒好后，厨房与厅堂距离，二楼与楼下的区别，在"嗞嗞"声中，远近不同，火候有异，厨家心法，食家舌知。谭家菜的魅力，人人称道谭氏如夫人之妙手，但其实渊源有自。一师谭氏姐，谭姐嫁大儒陈澧后人，而陈家与行商潘氏联姻，家厨自是非凡。二是暗师江苏名厨，可谓兼得淮扬菜、岭南菜之精髓，而终成此百年名厨，这也是粤菜源流的缩影。在 20 世纪 30 年代之上海，时称沪上粤菜之冠的"羊城酒家"，即由一帮广东人集资，"合集粤港澳各大名厨，悉心研究，精心组织"，可以想象，各家竞艺，共成一业。

粤菜因厨而精，因商而大。商人始终是饮食行业的主体，他们既是美食的最有力量的消费者，更是美食的经营者。此所谓"商家成其势"也。近世以来，上海、天津、武汉等口岸城市陆续开放，随之成为粤商的逐鹿之所。这里既有从买办转型为现代实业家的巨商，也有不少中小商人。可以说，粤商是推动这些新开口岸城市（尤其沪津）现代化的最大力量。总之，哪里有商机，哪里就有粤商，哪里就有粤菜。松芳尤其看重佛山人冼冠生创办的集餐厅饮食与食品工业于一身"冠生园"企业集团。冼氏起家于上海的消夜馆，最后冠生园餐厅遍布全国各大城市，并成为这些城市顶级的酒楼。它最为卓越的是，不但做菜精益求精，而且管理亦十分严格。厅堂晶莹雅致，难得的是厕所也光洁如新，堪称全国酒楼管理典范。而北京王府井京华酒楼经理彭今达的一番叙述，更道尽了粤菜经营者的理念。他要求各式原料必须各尽其致，九种菜有九种之颜色，九种菜有九种之味道。这似乎悬鹄甚高，但可以实践，从这几句话听来，粤菜经营，已由术而进乎艺、进乎道了。得道多助，其势可以广，可以大。至今尚有余波。

几十年过去了，如今细读这一部《粤菜北渐记》，有一种读《东京梦华录》的感觉，掩卷回味，已在酸咸之外。今之视昔，击节三叹；而后之视今，又当如何？

西餐先行

老北京的粤菜馆

李一氓先生说:"限于交通条件、人民生活水平和职业厨师的缺乏,跨省建立饮食行业是很不容易的。解放以前大概只有北京、上海、南京、香港有跨地区经营的现象。"对粤菜的跨地区经营,上海提到了大三元、冠生园、大同酒家等数家,北京则只提及著名的谭家菜和王府井一个小胡同里的梁家菜,给人的印象是没有什么正规的粤菜馆似的。(《饮食业的跨地区经营和川菜业在北京的发展》,见《存在集续编》,生活·读书·新知三联书店 1998 年版,第 389—390 页)其实大为不然!大三元、冠生园、大同酒家等驰骋沪上时,那固然是粤菜的黄金时代,尤其是在上海,但粤菜馆在北京的黄金时代,却要早得多,那时候,粤菜馆在上海,还只处于消夜馆的阶段。

1935 年北平经济新闻社出版的马芷庠编,于右任、宋哲元等题词，张恨水等作序的权威的《北平旅行指南》说，虽然由于迁都，北平的饭馆业已较清末民初全盛时代十已去六，湘鄂赣皖滇桂等省菜馆已经绝迹，但广东菜馆还是为数不少，著录的有：东安门外的东华楼，代表菜式为蚝油炒香螺、干烧笋、五柳鱼、红烧鲍鱼；东安市场的东亚楼，代表菜式为叉烧肉、鸭粥；八面槽的一亚一，代表菜式为鱼粥、鸭粥；西单市场的新广东以及西单市场的新亚春等。再加上未上榜的，以及后来由一亚一衍生出的著名的小小酒家等，已经是很不错了，那全盛时代是怎么样的一种光景呢？

○ 醉琼林与北京粤菜馆的全盛时代 ○

早期北京菜馆业的全盛时代，基本上也就是粤菜馆的全盛时代；陈莲痕《京华春梦录》说起当日盛景，直是满嘴咂咂："东粤商民，富于远行，设肆都城，如蜂集萐，而酒食肆尤擅胜味。若陕西巷之奇园、月波楼酒幡摇卷，众香国权作杏花村，惜无牧童点缀耳。凉盆如炸（叉）烧、烧鸭、香肠、金银肝，热炒如糖醋排骨、罗汉斋，点心如蟹粉烧卖、炸（叉）烧包子、鸡肉汤饺、八宝饭等，或清鲜香脆，或甘浓润腻，羹臛烹割，各得其妙。即如宵夜小菜及鸭饭、鱼生粥等类，费赀无几，足谋一饱。而冬季之边炉，则味尤隽美。法用小炉一具，上置羹锅，鸡鱼肚肾，宰成薄片，就锅内烫熟，沦而食之，椒油酱醋，随各所需，佐以鲜嫩菠菜，益复津津耐味。坠鞭公子，坐对名花，沽得梨花酿，每命龟奴就近购置，促坐围炉，浅斟轻嚼作消寒会，正不减罗浮梦中也。"（见第四章《香奁》，竞智图书馆 1924 年版，第 72—73 页）肖复兴《闲话北京老饭庄》则称：据考证北京最早的粤菜馆叫"醉琼林"（开设在前门外，详址不清），至光绪年最红火的粤菜馆要数陕西巷的"奇园"和"月波楼"两家。陕西巷是有名的"八大胡同"之所在，自南而北的走向，因此"奇园""月波楼"就在它南端最热闹的地方，自然是看中那些游手好闲、挥金如土的好色之徒了。

作家的考证大抵不可信，"据考证"聊胜无考证，毕竟多少有点谱——醉琼林可真值得大书特书。早在 1907 年，《顺天时报》就曾对其做过连篇累牍的报道。先介绍其环境的优胜：

陕西巷醉琼林中西饭庄，新近在后院，又添盖一层西式大楼房，六月初便动工，到本月方才造成。是三楼三底，一律用红砖砌成的。屋门都是洋式，用五色玻璃嵌配。内容间料，特别宽大，可以容下大圆桌面四桌酒。楼上三大间，楼下三大间，文明优美，高敞无比。上下共分六号：楼下中央一间，是第一号；右边一间，是第二号；

左边一间，是第三号；楼上中央一间，是第四号；右边一间，是第五号；左边一间，是第六号。楼下三间，都是中国菜；楼上从右边数起，头一间是大餐，第二、第三间，都是中国菜。为什么不在中央那间，陈设大餐呢？只因中央一间和左边一间相连着，客有大宴会时，可以两间开通，联成一间，倘若中央陈设大餐，便把左右两间，都隔断了，这是规定大餐间在第五号的理由。[《醉琼林新大楼记》（一），载《顺天时报》第1690号，1907年10月8日第5版]

再分别介绍其粤菜与西菜的特色：

广东佳肴：菜肴向来总说是南方好，南方更数广东菜为最佳。广东本省不必说，即如上海四马路的杏花楼，有一种特别规则，名叫消夜，每人两毛钱，花钱不多，口味很好。北京城饭馆虽多，却从醉琼林开辟后，广东菜方才发见，北京人方得品尝。醉琼林的菜肴，山珍海错，无一不全，大菜如鱼翅燕窝白木耳外，又有一种鱼品，名叫西湖鱼，也叫五柳鱼。这鱼却不用火煮，是用开水烫熟的。烫熟之后，再用各种食料，配合成味，所以这鱼做得，非常的鲜嫩。碗菜如熘黄

菜，价银不过六分，口味却极鲜美。此外鸡鸭虾蟹等等，更不必说了，真是烹调独步，味压江南。

英法大餐：风气进化，厌故喜新，文明派中人，多半爱吃番菜，为的是各人一份，最便宜办法，但有一层，番菜做不好还不如寻常中国菜。醉琼林的番菜，都是仿照英法大餐烹调法，又斟酌中国人的口味，火候得宜，浓淡合式，所以宴春园虽开在先，不能如醉琼林的热闹，东安饭店虽开在后，又不能如醉琼林的兴盛，同是番菜馆，却优劣不同。

此外还多备西式的洋酒、咖啡、烟草及牛奶糕饼等。[《记醉琼林中西饭庄二十四种大特色》（二），载《顺天时报》第1742号，1907年12月8日第5版] 后来又专门介绍了其"中西一堂"的特色及渊源：

这中西二字，有广义，有狭义，就狭义上说，这饭庄是预备中国外国两种肴馔，并且是预备中国人和外国人共同宴会，藉此联络邦交，敦和睦谊，更是有重大的关系，所以特别在后院修盖新大楼多间，一切组织，都按照外国格式，为的是，外国人来宴会，可以宾至如归。每到星期日，所有日本国人，英国人，美国人，法国人，德国人，俄奥义班葡等国人，或十余人，或七八人，不断的出入醉琼林，好在一切洋酒，和吕宋埃及各种上等烟，一概齐备，要喝就喝，要抽就抽，便当已极，只因文明饭庄，前门外只有这一家，所以东瀛西欧，各友邦人士，都聚会到醉琼林来，中华外国，欢饮在一处，可称中西同堂。[《记醉琼林中西饭庄二十四种大特色》(七)，载《顺天时报》第1747号，1907年12月14日第5版]

　　如此高大上中西结合的大饭庄粤菜馆，不知何以在后来修史者眼里成了小餐馆："民国时期有一些小饭馆也很出名。小饭馆规模小，比较接近中等以下收入人们的需要，生意比较红火……著名的有致美斋、厚德福、都一处、便宜坊、全聚德、金谷春（河南馆）、醉琼林（广东馆）、南味斋（江苏馆）、小有天（福建馆）、杏花春（绍兴馆）、颐芗斋（绍兴馆）、越香斋（绍兴馆）、恩成居（广东馆）等。"但后面又说："醉琼林在前门外陕西巷，清人曾写竹枝词云：'菜罗中外酒随心，洋式高楼近百寻。门外电灯明如昼，陕西深巷醉琼林。'"（见《北京志·商业卷·饮食服务志》，北京出版社2008年版，第25、128页）显然又没有把它当低档小饭馆看。

　　看官，上述重头报道，虽然足资反映醉琼林的煊赫，却未及其起源的惊艳——赛金花旧居也！掌故大王郑逸梅曾刊文说："吴眉孙丈为予言，北京石头胡同有一酒楼，名醉琼林，

丈于光绪末入都，乡人蔡秩南宴之于此。谈及前楹平屋数间，为赛金花香巢之旧址，张帜曰宝玉，喜易钗而弁，策马交游，群呼为宝二爷。吴人之官京师者交恶之，适虐婢事发，捕而系之狱，旋得解，驱逐出京。秩南时服官都察院，故知之甚详。"（纸帐铜瓶室主《唾余偶拾·醉琼林》，载《永安月刊》1947年12月号，总第103期）

当然最靠谱的是冒鹤亭对曾朴《孽海花》中关于赛金花香巢所悬与英国女王合影之事的说明："外国皇后与各国公使夫人拍照是常事，不必写来如引神秘。此相片，壬寅（1902）以前，彩云悬诸陕西巷（彩云回上海后，陕西巷有醉琼林酒馆，即其旧居）卧榻之前，人多见之。"[冒鹤亭《孽海花闲话》（五），载《古今》1944年5月号，总第46期]冒氏之言为什么靠谱呢？观其"彩云""彩云"的亲昵用语即可感受得到。事实上，据卞孝萱先生回忆说，冒氏曾为彩云座上客："冒广生记载了她的一件事情：赛金花有个本事，比如一天有好几个客人来了，她或者用眼神或者用手势，或者用言语，她能让在座的每个嫖客都感觉到她关心着他们，这是她独特的本事。这是冒广生讲的，他肯定也曾是她的座上客。"冒氏后来还因此亲昵关系被"敲"了一笔："冒广生既然与其有过交往，赛金花后来又重做妓女，晚年很穷，大词人况蕙风就代她出个主意，由其捉刀，写封信给冒广生，大概是想要和冒广生要点钱。冒广生当时做瓯海海关监督，很有钱。信是用骈体文写的，我看过影印本，可惜没有留存下来。后来冒广生汇了一百元钱给赛金花。"（赵益整理《冬青老人口述》，凤凰出版社 2019 年版，第 118 页）而冒氏"壬寅"之说，也为我们推知醉琼林开业时间提供了一个线索。

据说此番扩充装修，或者说投资新张，幕后老板乃曾任上海道台、驻日公使的蔡钧："十三日军机处交片民政部步军统领衙门及顺天府三处，谓蔡钧行踪诡秘，着驱逐出京，交江西原籍地方官严加管束。此旨一出，都人纷纷论说，或云蔡运动不成，弄巧成拙；或云另有他故，为某显者所不容。实则蔡自客冬晋京，开设厚德银号、醉琼林番菜馆，暗通宦侍，为某中堂参劾所致。"（亥《蔡学士被逐原因》，载《申报》1907 年 9 月 29 日第 4 版）当然未必十分可信，但可聊备一说。

因为"软件""硬件"以及"背景"皆属一流，醉琼林自然成为"网红"餐馆，连一些大型政商活动都不避香艳，设席于此。如 1912 年 11 月 17 日，中央商学会全体干部在醉琼林欢迎各省工商会议代表，"到者百余人，极一时之盛。因场所太窄，不能满容，分为两席，楼上主席者为该会正会长向瑞琨，楼下主席者为副会长"。（《中央商学会欢迎工商代表之一面观》，载《亚细亚日报》1912 年 11 月 18 日第 2 版）盛风不坠，扩充装修十年之后还成为畅销小说的"打卡点"，比如《春明梦话》说民国第一届国会召开时，各省议员每日散会，"一声铃震，高冠革履之议员，眼架晶镜，口衔雪茄，挟藤杖入马车，锦鞭一扬，马蹄如飞，大餐于醉琼林（著名之餐馆），狂嫖于艳春院（新开之妓院）"。（东海词人《春明梦话》，载

《小说新报》1917 年第 1 期）

　　鲁迅先生都曾多有履迹于此："晚寿洙邻来，同至醉琼林夕飧，同席八九人，大半忘其姓名。""晚顾养吾招饮于醉琼林。"（陈漱渝等编《鲁迅日记全编》上册 1913 年 9 月 10 日、1914 年 1 月 16 日日记，广东人民出版社 2019 年版，第 59、78 页）邓云乡先生还因此特别介绍醉琼林"化杭为粤"的招牌菜之一——五柳鱼："这是一家广东馆子，但卖鱼却以善烧五柳鱼、西湖鱼来号召，也是很特殊的。魏元旷《都门琐记》中记道：'全鱼向只红烧、清蒸，广东醉琼林，则有五溜鱼、西湖鱼。考西湖鱼之制，宋南渡时所遗。'"（邓云乡《鲁迅与北京风土》，文史资料出版社 1982 年版，第 87 页）后来的民国食品大王冼冠生说，"食在广州"之成就，颇因缘于吸收改造他方名菜，醉琼林可谓开一先声。只可惜，这么高大上引领时尚的粤菜馆，不久即告销歇："近三十年前在杭州太和园、楼外楼都吃过五柳鱼，先不说那鱼雪白，比豆腐还嫩，而且鲜美到极点。就只那色彩也足以醉人，雪白的鱼身上铺满了红、绿、黄、白四色头发丝般的细丝，就是火腿丝、葱丝、蛋皮丝、冬笋丝，不要说别的，就只那点刀功，也要使老餐叹为观止了。当年醉琼林的五柳鱼，是否能烧出这样的水平，那就无从查考了。因为醉琼林大约是在一九二〇年之前关张的。"（邓云乡《京华有鱼》，见《云乡食话》，河北教育出版社 2004 年版，第 190 页）

　　鲁迅去，他的章（太炎）门同学国学大师黄侃也去："1913

年 7 月 19 日，北京：赴赵星甫宴于醉琼林，王赓在座。""1913
年 9 月 13 日，北京：至尧卿家晤王庚，约晚在醉琼林饭。夜赴
王庚约，座甚喧，不待席而归。"(《黄侃日记》上，中华书局
2007 年版，第 5、12 页)"座甚喧"，正显其食客盈门，热闹非
凡也！然而，稍后谭延闿去，才更显大牌，且不说功名、官爵，
至少从饮食界的地位上讲，那是无与伦比的：

　　1908 年 11 月 25 日：汪九亦来，台生继至，
同饭。有广东火锅，极好。饭罢，趣枚初家，则
有刘艮老及伯远、见石，已入座。有鸭极美。
（按：此则日记虽未明言广东火锅孰至，然考其时
能供此者，非醉琼林则天然居，姑系于此。）

　　1911 年 4 月 26 日：晚至醉琼林，赴顺直咨
议局之招。阎凤阁、王古愚二人为主人，客十五
人，西餐。有王卓生自云于志谨处曾相见，殊茫
然也。

　　1911 年 5 月 26 日：至醉琼林，与袁、谢、
李、于、窦同作东家，大请议员，到者二十余人。

　　1914 年 1 月 20 日：至醉琼林应陈子皋、刘棣
华之招。汤济武、严仲良、邓子范、陈荣镜、周
毅谋同座。豁拳，吃酒，遂已醺然。(《谭延闿日
记》，中华书局 2018 年版)

○ 恩承居的新时代 ○

醉琼林的关张，相信当年就有不少人是颇为伤感的。好在以恩承居为代表的新一代粤菜馆早已继起。比如桃李园，大名鼎鼎的杨度即回忆说："广东菜馆，曾在北京为大规模之试验，即民国八九年香厂之桃李园，楼上下有厅二十间，间各有名，装修既精美，布置亦闳敞，全仿广东式，客人之茶碗，均用有盖者，每碗均写明客人之姓氏（广东因为麻风防传染，故饮具无论居家或菜馆妓寮等处，均注明客之姓氏），种种设备均极佳。宴客者趋之若鹜，生涯盛极一时。菜以整桌者为佳，如'红烧鲍鱼'，'罗汉斋'即素什锦，'红烧鱼翅'等均佳。"（虎公《都门饮食琐记》之十八，载《晨报》1927 年 1 月 30 日第 6 版）但回忆是容易出错的。因为《顺天时报》1918 年的报道说："大总统（冯国璋）日前在府宴会蒙古王公及特文武各官，早晚宴席需用百余桌，系香坞新开之桃李园粤菜饭庄承办，闻大总统及与宴之王公等颇赞赏菜味之佳美云。"（"本京新闻"《总统赏识粤菜》，载《顺天时报》1918 年 1 月 18 日第 7 版）则桃李园之开办在民国七年而非八九年，但其一出场就艳惊总统，则是虎公杨度种种形容的最佳的注脚。

杨度又说："（桃李园）惜后因市面萧条，营业不振而闭歇，继起者绝无。此外宵夜馆如陕西巷之寄园，李铁拐之乐园，均系宵夜馆兼菜馆。宵夜系一种广东小吃，规定一冷盆，一炒一汤为一客，上海从前每客仅两角，极盛行，京中为五角，而食之者不多。"这话对，又不对。对的是，此后一时难再觅大型粤菜馆，但他斜眼所见多是这些消夜馆，相对醉琼林、桃李园这些大型饭庄菜馆，却有绿叶扶红花，众星拱月亮之佳妙；月明星稀，月隐星亮——作为北京菜馆业著名的八大居之一的恩承居，可谓北京粤菜馆中长盛不衰最为闪耀的一颗明星！最负盛名的谭家菜，到 1954 年公私合营，合入的正是恩承居；1957 年西单商场扩建，恩承居又并入了著名的湘菜酒楼曲园，然至此就不必再往下说了。

笔者曾在《西餐的广州渊源与"食在广州"的传播》（载《广州历史研究》第一辑，广东人民出版社 2022 年版）中考证，西餐起源于广州夷馆仆人及洋行，粤菜的对外传播（主要供所在地粤人消费的早期消夜馆除外），与西餐或者说番菜成为时尚大致同时而相伴，是以北京初兴的粤菜馆醉琼林中西兼营，上海亦复如是。而到桃李园，则已予人正宗地道的粤菜面目：作为小餐馆的消夜馆，本起自供应粤人，自然味求地道；同是小餐馆的恩承居，也同样以味道动人，并留下了无数可人的故事；至于同样可视为小餐馆的谭家菜，更是为粤菜树立高标的极品，不过不是本书所要讨论的了。

晚近以来，饮食业出现了跨区域经营，但常常得入乡随俗，酌改风味，所以，20 世纪三四十年代纵横旧京传媒界的金受申先生说："至于各南菜馆，从清末民初，才渐渐开

设……南馆中能保持原来滋味的，只有'广东馆'，一切蚝油、腊味、叉烧、甜菜、肉粥，以及广东特有肴馔，都能保持原来面目，也有号称广东馆而专卖小吃的，如恩承居便是。"（金受申《老北京的生活》，北京出版社 1989 年版，第 155 页）正是卖小吃的小小的恩承居，发展成了旧京饮食业中仅次于谭家菜的"食在广州"经典记忆。

酒香不怕巷子深，菜好不怕馆子小。恩承居自始至终是家小馆子。黄苗子先生说："北京大栅栏附近，有一家馆子叫恩承居，门面狭小，以炒牛肉等小菜著名。我于 50 年代初到北京，冯亦代兄即邀到那里便饭。"（黄苗子、郁风《沉墨幻彩》，商务印书馆 2019 年版，第 112 页）黄先生可是广府人。因为味道好，小馆子也可以跻身名饭馆之列，而被人称以"大"—— 一直到新中国成立初，王世襄《谈北京风味》还说："当时的名饭馆还有八大居和八大楼之说。八大居是：广和居、同和居、和顺居、泰丰居、万福居、阳春居、恩承居、福兴居。"（范用编《文人饮食谭》，三联书店 2004 年版，第 100 页）

恩承居的味道集中体现在播传众口的名菜上，当然也与名人效应有莫大关系。比如说素炒豌豆苗，唐鲁孙先生说："从前梅兰芳在北平的时候常跟齐如老下小馆，兰芳最爱吃陕西巷恩承居的素炒豌豆苗，齐如老必叫柜上到同仁堂打四两绿茵陈来边吃边喝。诗人黄秋岳说名菜配名酒，可称翡翠双绝。"（唐鲁孙《谈酒》，载夏晓虹编《酒人酒事》，生活·读书·新知三联书店 2012 年版，第 95 页）说饮说食与其拉上梅兰芳，还不如多说说齐如山，因为"高阳齐如山先生不但博学多闻，而且是美食专家，当年北平大小饭馆，只要有一样拿手菜，他总要约上三两知己去尝试一番"。恩承居就是齐如山先生四处觅食中的"妙手偶得"之作："北平陕西巷是花街柳巷八大胡同之一，北方清吟小班大部分集中此地。偶然间齐先生发现陕西巷有一家小馆叫'恩承居'，而且是广东口味，不但清淡味永，而且菜价廉宜，从此恩承居成了他跟梅畹华几位知己小酌之地了。"唐鲁孙先生还曾"躬逢其盛"——起初觉得"花丛之中能够有什么好的饭馆"，而且"恩承居是五六个座头小屋，既无单间，又无雅座"，齐如老却说："你尝过就知道了。"并且在旁边的小院里，竹篱泥地，淡然雅洁。当日所尝的主菜，乃闻所未闻的"善才童子"："善"是药芹炒鳝鱼片，"才"是口蘑柴鱼汤，"童子"是蚝油滑子鸡球，"菜名新颖别致，菜味醇质腴滑而不腻，深合我这不喜重油厚腻的胃口"。恩承居的名人效应放大到什么程度呢？"据说恩承居很有几道拿手菜，是画家金拱北的少君亲自入厨调教出来的。"啧啧，如此焉能不盛名哄传？以致有人称其为"小六国饭店"，与大名鼎鼎六国饭店分庭抗礼——大矣哉，小恩承！至于唐先生说"卢沟桥炮响没多久，它就关门大吉。往事成烟，知道北平小六国饭店的恐怕不多了"，则是其离乡背井的隔岸想象所致，与事实相去甚远。（唐鲁孙《恩承居的"善才童子"》，见《酸甜苦辣天下味》，广西师范大学出版社2008年版，第28页）

有意思的是，唐鲁孙先生列举了好几味恩承居的拿手菜，可是齐如山先生在《北平的饭馆子》中列举了他常去的七八家饭馆的拿手菜，恩承居只提及菜菇鸡片汤、蚝油牛肉，并不及上述名菜。而蚝油牛肉，无论在广州还是上海，都是粤菜馆共同的招牌小炒。（梁燕主编《齐如山文集》第 10 卷，河北教育出版社 2010 年版，第 248 页）此外，黄苗子先生说梅兰芳最喜恩承居的葱爆肉丝，甚至说"恩承居便因此买卖兴旺"。（黄苗子、郁风《沉墨幻彩》，商务印书馆 2019 年版，第 112 页）沙汀则说："恩承居的甲鱼也很有名，我照样跟同我舅父去尝试过，它在'八大胡同'附近，可我不曾逛过'窑子'。"（《沙汀文集》第十卷《回忆录》，四川文艺出版社 2017 年版，第 45 页）其实，诚如民国食品大王冼冠生的开餐馆经验之谈，粤菜馆发达的一个捷径，就是做好花街柳巷以及其他娱乐场所的生意，恩承居又何必例外呢？（周松芳《民国食品大王冼冠生》，载《同舟共进》2018 年第 1 期）

○ 小小菜馆群星闪烁的时代 ○

凡属孤芳自赏，必难持久做大。旧京粤菜馆前有醉琼林、桃李园，后有恩承居及京华，当然不是孤芳自赏，而是有一大批此起彼伏的大小粤菜馆在，只是大多数人囿于一管之见，

"只见树木，不见森林"而已。比如，中华图书馆编辑部编纂的1916年版《北京指南》卷五"食宿游览"节提到的陕西巷天然居广东菜馆，一般人并不知道，其实还挺有故事的。如旭君在《零缣碎锦》（载《新中华报》1929年3月9日第8版）中说，陕西巷旧有天然居粤菜馆，他曾与朋侪小饮于其中，客云："天然居有联语云：'客上天然居，居然天上客。'颇难属对。后见有某杂志中，曾记此事，某对句云：'人来外交部，部交外来人。'可谓工整。"但当然最有故事的，莫过于民国食神谭延闿的数度光临：

1913年12月3日：同黎、梅、危至天然居吃广东大锅，饮尽醉。

1913年12月11日：同黎九、梅、危至天然居饭广东锅，尚佳，有清炖牛鞭，则无敢下箸者，亦好奇之蔽也。

1913年12月15日：至天然居赴龙伯扬之招，久待乃至。客则孙纯斋、王揖唐、蒋彬侯、权量、陆尔炘、王某、又某某，九时散。

1913年12月18日：至天然居王揖唐招，席已半客，皆问姓名，有文公达、饶炳文、胡吁门、吴右明诸人，然不记忆。（《谭延闿日记》第二册，中华书局2018年版，第392、397、399、401页）

文明书局 1922 年版姚祝萱编辑的《北京便览》载录的一家粤菜馆福祥居，更是未见人提及。其实，如果我们仅仅通过邓之诚"北大日记"1926 年 6 月至 11 月五个月之间所记录的吃过的粤菜馆，即可窥知 20 世纪 20 年代北平不知有多少粤菜馆被人遗忘了：

八月初五日，访汪。扰费，东安市场东亚粤菜馆，甚佳。

八月十三日，午后赴闰生招偕游北海，小饮于东亚粤馆，不佳，大逊于前矣。

八月三十日，晚饭于韩家潭广东小饭馆，名北记者，不佳。

十一月五日，午偕埋庵闰生一游厂甸，饭于王广福斜街一广东馆，费四元二角。

十一月六日，饭于东安市场一新开粤菜馆，色色俱佳，且不昂贵。

十一月九日，晚扰费闰生在粤楼，小市一游，买铜镜三元，茶船二元。

十一月二十五日，午后往肆中，费闰生杨颙谷同来，饭于联记，是新开广东饭馆，颙谷会东。

十一月二十六日，访遂初，送我新会橙子十三个。往肆中一看，闰生等旋来，饭于联记。闰生又作主人。

这六家粤菜馆中，除"东亚"或即东亚楼见诸他人之笔下外，其余五家都可谓孤本材料，殊为难得。

20世纪30年代，名家笔下的粤菜馆也不少。大作家张恨水审定的《北平旅行指南》载录了好几家广东菜馆，并列举其招牌菜曰："东华楼，欧公祜，二十年一月，蚝油炒香螺、五柳鱼、红烧鲍鱼、干烧鱼，东安门外；东亚楼，叉烧肉、江米鸡，东安市场；一亚一，鱼粥、鸭粥，八面槽；新广东，西单商场；新亚春，陕西巷。"（马芷庠编《北平旅行指南》，同文书店1937年版，第242页）其中的东亚楼尤其有名："他家做的粉果特别出名，因为大梁（良）（顺德县城所在地）陈三姑有一年趁旅游之便，在东亚楼客串做过粉果，他家的粉果是用铝合金的托盘蒸的，每盘六只，澄粉滑润雪白，从外面可以窥见馅的颜色，馅松皮薄，食不留滓，只有上海虹口憩虹庐差堪比拟，广州三大酒家都做不出这样的粉果呢！"妙的是，娥姐粉果后来成为最负盛名的广州大三元酒家的招牌点心，而制作者点心大师麦锡，籍贯顺德；1968年，麦大师还曾为毛主席精制御点。因此，大三元的粉果是不是真比不上憩虹庐，或许见仁见智吧。不过这也从一个细节看出京沪粤菜馆对于正宗"食在广州"的不懈追求，同时也是对"食在广州"的最佳传扬！不过说东亚楼"门面虽然不十分壮丽，可是北平的广东饭馆，只此一家"，显非。（唐鲁孙《令人怀念的东安市场》，见《老乡亲》，广西师范大学出版社2004年版，第157页）曾任北京大学教授的广东籍著名学者黄节就曾在东亚楼这家家乡菜

馆宴请杨树达和林公铎及孙蜀丞："遇夫先生大鉴：明日（星期一，旧十七日）正午十二时约公铎、蜀丞两君到东安市场东亚楼小酌，请移玉过谈为幸。"（黄节《致杨树达》，见叶帆编著《中华书信语辞典》，武汉出版社 2012 版，第 1212 页）都是名学者呢！

此外，还有一家岭南楼，那可是大名鼎鼎的吴宓教授去吃过且记了日记的："1930 年 9 月 11 日，北京：六时十分，宓与贤至朗润园外，依依不忍别，卒乃至岭南楼饭馆，贤邀宓晚餐。"（《吴宓日记》第五册，生活·读书·新知三联书店 1998 年版，第 119 页）更因此，如果我们不详加考证，无论在李一氓先生笔下还是在唐鲁孙先生笔下，北平粤菜馆可都是孤苦伶仃啊！

事实上，20 世纪 30 年代的广东菜馆中，比唐鲁孙笔下的东亚楼更为人乐道的是小小酒家。最早提到小小酒家的是顾颉刚，他在 1935 年 9 月 2 日的日记中说："与履安到西单商场新广东吃饭……到东安市场小小酒家吃饭……今午同席：赵泉澄夫妇、李光信夫妇、槃庵、予夫妇及自珍（以上客），庸莘兄弟（主）。今晚同席：子臧、次溪、予（以上客），道龄（主）。"（《顾颉刚日记》第三卷，台北联经出版公司 2007 年版，第 385 页）一天两吃广东菜，不愧曾任广州中山大学历史系主任兼学校图书馆中文部主任。顾先生后来在上海、南京、成都、重庆、昆明等不少地方都多有请吃及被请吃广东菜，并记录在案，为广东饮食文化留下宝贵的历史文献，此处不赘。但可以

肯定地说，他这一天吃的新广东菜馆不如小小酒家有名。

小小酒家是正宗粤味，老板却无一粤人，诚堪一奇，不过也从侧面说明粤菜广受欢迎，才会有"外人"学习此种技艺，并且学得地道。董善元先生在《小小酒家》的专文中说，这家1934年开业的小店二十多名店员无一人来自广东，但三位老板都来自广东菜馆一亚一，跑堂郭德霖、掌灶刘克正和擅长烧、烤、卤味的厨师程明，特别是程明还讲得一口广州话。如此，也称得上"食在广州"向外传播的佳话！其实小小酒家并不小，三楼三底，楼上是雅座，楼下是散座，发展到1947年，又把西邻的铺面房接过来，面积扩大了一倍，成为更有名气的广东菜馆，到20世纪五六十年代，营业还能继续发展，直到1968年东安市场拆建并入了新场饮食部才告销歇。（董善元《阛阓纪胜：东安市场八十年》，工人出版社1985年版，第140—142页）其实，至此，除了北京饭店的谭家菜，广东菜馆在北京的发展终于中断，再度兴起，那是改革开放以后的事儿了。

著名学者邓云乡当年曾跟随父亲到小小酒家尝味："两菜一汤，或者也可说三个菜，即蚝油牛肉、炒鱿鱼卷、虾仁锅巴。后一个不是炒虾仁，而是汆虾仁，把刚炸好的锅巴倒进去，'喳喇'一声，香气四溢，汤汁很多。既是汤，又是菜；好吃，又好玩。"特别是头一个菜，"给我留下极为深刻的印象，并懂得了蚝油的美味，从此我就十分爱吃蚝油牛肉了！"（邓云乡《蚝油牛肉》，见《云乡食话》，河北教育出版社2004

年版，第 311 页）前述的蚝油牛肉作为广东馆的家常名菜，于此也再得一佳证。

小小酒家名声在外，以至有人在日本吃广东菜，都要拿小小酒家来比附："（横滨南京街）'海胜楼'是广东的菜馆，他们不仅卖五加皮酒，而且广东仅有的米酒，他们也有充分的预备，叉烧和烤肉都很不错，这和天津的北安利，北京的小小酒家，有什么异样呢?"（《惹人留恋的横滨》，见《妇女新都会》1940 年 12 月 18 日第 1 版）

北平的广东菜馆发展生生不息。在 20 世纪 40 年代，除了老牌的恩承居和小小酒家等，新起的万有食堂，也敢出来吹牛说："西单舍饭寺万有食堂，为本市独有之饭馆，专售广东菜蔬，如腊味、边炉种种，极为特别适口，且内设雅座洁净异常，整桌零吃，味美价廉，故开市未久，生意颇佳。"（《万有食堂：粤菜腊味边炉拿手》，载北京《晨报》1942 年 1 月 9 日第 4 版）西单北大街大木仓东口的新广州食堂也睁着眼打广告瞎说它是"北京唯一粤菜馆"，并以"边炉"为招徕。（《新广州食堂，北京唯一粤菜馆，专应堂会兼卖小吃》，载《新北京》1943 年 11 月 27 日第 4 版）动辄称唯一，虽然可以说明广东菜还是有特点有吸引力的，另一方面也说明沦陷时期，经济的凋敝以及餐饮业特别是外帮餐饮业的凋零。

抗战胜利后，开设在王府井大街 107 号的京华酒楼，更敢打广告称："华北唯一粤菜专家，夏令时菜多种，暑期宴会胜地，室内凉爽宜人，设备卫生幽雅。新由广东运到真正蚝

油、曹白咸鱼腐乳，配制时菜，味美无比。新添冰冻西瓜，
欢迎品尝。"（《华北日报》1946年7月7日第1版）那是有新
时代的新气象了。而从其老板彭今达接受《一四七画报》专
访的情形看，牛皮吹得还是有些靠谱的："彭今达，广东南海
人，他是北平王府井京华酒楼的经理，天津津中贸易行的监
理，他正如一般广东省籍的同胞一样，是个富有创造性的人
物，从商已历数十年。""时针指着七点半钟的时候，我们走
进了装置得十分耀丽的京华酒楼的门口。"这门脸，也差可比
肩早期的醉琼林与桃李园了！而其问答之中，也时见精彩。
比如"广东人为什么这样讲究吃"，他回答说："第一个是因
为风气使然，第二个是因为广东与繁荣而对什么都考究的香
港距离近。"再如"广东菜的特殊点是什么"，答曰："就是广
东菜里能够把别处不用的菜，或'零碎'，都能用来泡（炮）
制，做成能够吃的菜，其他，大都是拿他处原有的菜，加以
改良的了。"真是与冼冠生先生之说异曲同工了。"要再说粤
菜的特殊点，我们还可以说，粤菜处处考究。""客人要预备
一桌菜，当这桌菜摆上来的时候，菜的颜色与味道，均能够
配制不同，九种菜便能做出九种颜色，九种味道来。"["本报
专访"《粤人谈吃——在广东：京华酒楼一夕谈》（上），载
《一四七画报》1947年第15卷第12期]可以说，这些回答，
均能道出粤菜特质，宜其笑傲京华。

最后还必须提及老北京独特的粤菜秘境——40余所广东
省及下属各地区的驻京会馆。比如，我在应约撰写《容庚的北

平食事》时，发现容庚遍尝北平各路酒楼饭庄而从不履迹广东菜馆，我想，除了近百次的吃谭家菜经历使其曾经沧海难为水之外，东莞会馆以及母亲妻子弟妹和同乡如张荫麟、伦哲如等人的家常饮食，远比已经入乡随俗的广东菜馆味道来得正宗和地道，何暇外求？而在日记中，他也的确多有写到在会馆的饮食生活，可资证明："1925年4月13日，往新馆，陈宗圻为摄一景。与陈宗圻、曾集熙合摄一景。与苏、钟等往市场买鱼菜。我拿菜，施拿鸡，杨拿虾，苏、钟拿肉、豆腐等，回老馆煮食。""1926年5月11日，在老馆早餐，加大虾，一圆。""1936年8月23日，早至琉璃厂。十二时回老馆午饭。""1938年1月16日，至琉璃厂，清虹光画数张。回老馆午饭。""1938年10月1日，七时半进城。至老馆食蟹。"（夏和顺整理《容庚北平日记》，中华书局2019年版）其实，谭家菜也是可以视为会馆菜之一种的——谭瑑青夫妇就曾长期租住南海会馆北院，并在此开启谭家菜生涯。

旅食京华

容庚的北平食事及谭瑑青史事考略

容庚先生 1922 年携《金文编》北上京华，名动学林，并借以顺利留京深造，然后从事研究和教学工作，直到 1946 年南归，旅食京华长达 22 年之久。旅食旅食，食乃大事，特别在南北饮食差异极大的当年，钩沉容庚北平食事及与其相关的谭瑑青部分史事，也是件颇有意味的事儿。

○ 一 ○

北上京华之前一直未曾离开过本府本邑的容庚，按理说在北平应该莼鲈之思甚重，常赴粤菜馆觅食才对，而且单从他的

朋友兼同事邓之诚的日记中，我们也可以发现北平先后出现过不少粤菜馆，邓之诚常去，可容庚愣是未见一去，无论从邓之诚等人的日记还是新出的《容庚北平日记》，我们都未见丝毫踪迹。何故？细衬之下，原因大约有二：一是初居东莞会馆，日日得食正宗地道的家乡菜；二是后来得以常去高大上的谭瑑青府上吃足以表征"食在广州"的谭家菜，那入乡随俗的粤馆市味，自然不吃也罢。

关于谭家菜，邓云乡的《谭家鱼翅》（见《云乡食话》，河北教育出版社 2004 年版）介绍得最好。文章说，谭家菜的叫法和历史并不太长，也只是 20 世纪 30 年代初才叫出名的，而且还是文人末路的产物："谭篆（应作瑑）青先生穷了，才想出的办法，叫如夫人赵荔凤女士当（掌灶），大家凑份子，一起吃谭家的鱼翅席，开始还都是熟朋友，后来才有不认识的人辗转托人来定席……大概直到解放前，也从未公开营业过。"谭瑑青，广东南海人，名祖任，以字行，同治甲戌（1874）科榜眼谭宗浚之子。谭宗浚曾督学四川，又充江南副考官、云南按察史，著有《希古堂文集》《荔村诗集》。做官之余，一生酷爱珍馐美味，亦好客酬友。谭瑑青幼承家学，既是一位饮馔专家，又是一位著名的书画鉴赏家和著名的辞章家。跟他同样旅居北平的同府好友东莞伦哲如在《辛亥以来藏书纪事诗》中说："玉生俪体荔村诗，最后谭三擅小词。家有簏金懒收拾，但付食谱在京师。"所说谭三，即谭瑑青，因其在家中排行第三。玉生是其祖父谭莹的字，曾入两广总督阮元之幕，大受器重，著有《乐志堂诗文集》。伦哲如在诗注中说："琭青有老姬善作馔，友好宴客，多情代庖，一筵之费，以四十金为度，名大著于故都。"饮食文化大家唐鲁孙先生的《令人难忘的谭家菜》（见《天下味》，广西师范大学出版社 2004 年版），更是对谭家菜推崇备至："近几十年来，川滇一带讲究吃成都黄敬临的姑姑筵，湘鄂江浙各省争夸谭厨，如果到了明清两代帝都的北平，要不尝尝赫赫有名的谭家菜，总觉得意犹未足。"并述其形成，首先是罗致了曾为直隶总督、北洋大臣杨士骧家厨的淮扬菜名家陶三以为己用，其间爱姬赵荔凤偷师学艺有成。其次是家姐谭祖佩嫁与岭南大儒陈澧文孙陈公睦，陈公睦也以鼎食之家而精割烹之道，而实践者则非谭祖佩莫属。谭祖任携如夫人带艺投师家姐，终兼淮扬岭南之长，自是一鸣惊人，成就谭家菜盛誉。

谭琭青优贡出身，清末进邮传部做过员外郎，辛亥后又做过议员，北洋政府时代，也都在各部当差，当过财政总长李思浩的机要秘书，北伐后又到平绥铁路局担任专门委员，收入都还不错。其实这只是坊间的泛泛而论，我们具体搜集一下他的仕履资料，发现除上述职位之外，其他也多是肥缺，宜其能潜心饮食之事。如在清朝时，还曾随许景澄出使意大利三年："去冬出使义（意）国大臣许星使咨照吏部公文一件，略云：使署随员优贡生谭祖任自光绪二十八年十月随同到洋，连闰计算扣至三十一年九月三年期满。该员究心外交，遇事赞助。遵照部章，业经奏请以知县分省补用，奉旨着照所请。钦此。

应将该员详细履历咨送贵部查照。"(《许钦使咨照保奖出洋随员》，载《申报》1906 年 2 月 5 日第 10 版）

民国后，他基本上在广东人执掌的利益最大的交通系任职，先做过几处电政监督，那也是肥缺中的肥缺："令广州电报局长兼理广东电政监督：谭祖任，广州电报局长兼理广东电政监督。陈光弼现经调充重庆电报局长兼理川藏电政监督所遗职务。查有奉天电报局长兼理奉吉黑电政监督谭祖任，堪以调充，除分行外，仰即导行，前往接事，妥为经理。此令。中华民国六年五月十七日。"(《交通部训令》第 1697 号，载《交通月刊》1917 年第 7 期，第 59 页）转年又任湖北电政监督："令湖北电政监督谭祖任、汉口电话局长朱文学：呈悉查汉口电局住屋明年租期届满，该埠商业繁盛，报务重要，所拟购地自行建筑……中华民国六年十一月二日。"(《交通部指令》第 4571 号，载《交通月刊》1918 年第 13 期，第 34 页）再过一年，调入交通部任参事，职务更为清要："谭祖任调部，派在参事上行走。此令。中华民国八年十月十三日。交通次长代理部务曾毓隽。"(《交通部令》第 332 号，载《政府公报》1919 年第 1327 期，第 1 页）并获大总统颁发的嘉禾勋章："大总统令：六月二十七日，给予谭祖任四等嘉禾章。"(北京《益世报》1918 年 6 月 29 日第 3 版）稍后又再获三等勋章："大总统令：谭祖任三等嘉禾章。"(北京《新华日报》1920 年 11 月 3 日第 2 版）也确实出任过财总部长秘书："大总统令：谭祖任任财总部秘书。"(北京《晨报》1922 年 11 月 19 日第 7 版）

但 1926 年民国政府迁都南京之后，谭祖任便失业赋闲在家，经济自然变得窘迫，以至于托作为同乡的史学大家、辅仁大学校长陈垣出让藏品："江门手书卷（有木匣）奉尘清赏。任日来颇窘，乞为我玉成之。敬上励耘先生。祖任顿首。（一九二七年一月）卅。"（陈智超《陈垣来往书信集》，上海古籍出版社 1990 年版，第 256 页）这时朋友们凑钱按期到他家吃鱼翅席，每人四元，名叫"鱼翅会"，着实能帮得上忙；为了凑够人数，也曾亲自请陈垣"加盟"帮忙：

　　援庵先生：久违清诲，曷胜驰仰。傅沅叔、沈羹梅诸君发起鱼翅会，每月一次，在敝寓举行。尚缺会员一人，羹梅谓我公已允入会，弟未敢深信，用特专函奉商，是否已得同意，即乞迅赐示复。会员名单及会中简章另纸抄上，请察阅。专此，敬颂著安。祖任再拜。（一九二七年）一月二日。

　　会员名单：杨荫北，曹理斋，傅沅叔，沈羹梅，张庾楼，涂子厚，周养庵，张重威，袁理生，赵元方，谭瑑青。

并申明："定每月中旬第一次星期三举行。会费每次四元，不到亦要交款（派代表者听）。以齿序轮流值会（所有通知及收款，均由值会办理）。"不久，谭瑑青在给陈垣的一封回信

里又说:"手示及钱、赵两册并席费肆圆均照收。座无车公,殊减色也。张辟非瑑屏,前途减至叁拾伍圆,如晤兼老,乞一询其有意收购否?匆复,敬颂援公先生著安。祖任谨上。(一九二七年元月)廿七。"参文意,当是陈垣未及与席,但席费照奉!

唐鲁孙先生说:"到了民国十七八年,谭瑑青玩日愒月、花光酒气的生活再也支撑不住,于是把西单牌楼机织卫住宅,布置了两间雅室,由其如夫人亲主庖厨。名义是家厨别宴,把易牙难传的美味公诸同好,其实借此沾润,贴补点生活费倒是真的。"这个时候,也就更需要陈垣这样的同乡大佬站台帮衬了。陈垣虽然身居辅仁校长高位,但按年龄,尚属同乡后学,故不仅亲自参会与席作贡献,也确实在利用自己的影响拉胡适等大腕帮忙站台:"丰盛胡同谭宅之菜,在广东人间颇负时名,久欲约先生一试,明午之局有伯希和、陈寅恪及柯凤荪、杨雪桥诸先生,务请莅临一叙为幸,主人为玉笙先生莹之孙,叔裕先生宗浚之子,亦能诗词、精鉴赏也。(一九三三年一月)十三晚。"(《致胡适》,见陈智超《陈垣来往书信集》,上海古籍出版社1990年版,第259、178页)当然也曾单独假座谭宅请客,如顾颉刚1931年10月4日记:"到丰顺胡同谭宅赴宴……今午同席:孟心史、尹石公、黄晦闻、洪煨莲、邓文如、马季明、许地山、谭瑑青、予(以上客),陈援庵(主)。"

而从陈垣信中"在广东人间颇负时名"一语可知,谭家菜是得到了广东人的高度认可的，说是"食在广州"的代表并不为过。而每位四元、每席四十元的鱼翅席是个什么档次呢？邓云乡先生说：鱼翅是比较贵重的海味，过去北京各大饭庄最讲究吃鱼翅，所谓"无翅不成席"。尽管如此，一般的鸭翅席，即既有鱼翅羹，还有砂锅全鸭，也只需十二元，即便在东兴楼、丰泽园这些一流饭庄子吃高级的"红扒鱼翅"酒席，也只需二十元，四十元一席已比高级的大饭庄子贵出一倍多了。而且还一月只办一次，则不仅昂贵，还来个"饥饿营销"，令很多人想吃而不可得，其至遗憾一辈子——中国历史地理学的奠基者之一谭其骧教授，就是其中一位，他在给邓云乡先生《文化古城旧事》所作的序言中缅怀春明旧事时，还把未曾吃过谭家菜这件憾事写了进去。谢国桢先生倒托尊师傅增湘的福，得以多次侧身其间，因为傅老作为"鱼翅会"的发起人之一，掌握每次出席的情形，出现空缺，想着反正钱都交了，不吃白不吃，便拉上弟子侍座——何其美好！故谢刚主先生后来便也常常跟他的弟子如邓云乡等说起——真是难忘啊，又怎么能忘！（邓云乡《谭家鱼翅》，见《水流云在琐语》，辽宁教育出版社1995年版，第188—189页）

不过还要补充一下的就是，后来谭祖任又陆续出任过交通系的一些职务，主要是在铁道部任职，不然光靠经营"私厨"，是维持不了家计的。如1932年任铁道部专员："兹派谭祖任为本部专员。此令。中华民国二十一年一月五日。部长叶恭绰。"（《令谭祖任》，《铁道部令》第30号，载《铁道公报》1932年

第 238 期，第 6 页）可惜顾孟余上台后又被免了："令专员于
善述、谭祖任、郑文轩：着即免职。此令。中华民国二十一
年三月二十五日。部长顾孟余。"（《铁道部令》第 264 号，载
《铁道公报》1932 年第 253 期，第 1 页）此后的任职简直每况
愈下，至于充任平绥铁路局文书课员："派谭祖任充文书课课
员，除呈部外。此令。中华民国二十五年十一月二十日。局长
张维藩，副局长段宗林。"（《令谭祖任》，《平绥铁路管理局令》
第 725 号，载《平绥月刊》1936 年第 299 期，第 2 页）其后
来更出任伪职，或许也与生计不无关系——不比容庚他们可以
教书谋生也。

○ 二 ○

相比之下，作为谢刚主同辈好友的容庚，则得天时地利人
和之便，吃谭家菜的频率，恐怕还高过"鱼翅会"诸公呢！
"人和"主要在于谭瑑青的父亲是同治甲戌（1874）科榜眼谭
宗浚，容庚的祖父容鹤龄则是同治癸亥（1863）恩科进士，可
谓同属广府世家子弟，论辈分则容庚称谭为年伯。

笔者寓目容庚吃谭家菜的最早记录见于顾颉刚 1926 年 6
月 6 日日记："与履安同赴《史地周刊》宴于太平街谭宅……

今午同席：谭瑑青、希白夫妇、煨莲夫妇、元胎、八爱、思齐夫妇、致中夫妇、荫麟夫妇、予夫妇。"容庚自己日记所记，则始于1935年7月11日："三时与李劲广访谭瑑青。"还不能确定吃饭与否。1935年10月13日倒请谭瑑青吃过一顿饭："请博山东兴楼晚餐，约谭瑑青、徐中舒、李棪、顾廷龙等作陪。"李棪，广东顺德人，咸丰己未（1859）科探花李文田之孙。转过几天，10月16日，"六时半谭瑑青、李棪请食饭"，则极有可能在谭家了。1937年也录得几次谭瑑青请容庚吃家宴的记录："1月23日：晚七时陈援厂、谭瑑青请食饭。""3月28日：谭瑑青年伯请午饭。"还有李棪所请："5月9日：李棪在谭宅请午饭。"而"6月17日：午国文系在谭瑑青家聚餐"，则有可能是容庚"拉"的客。

容庚从1937年12月18日日记提到"六时往谭瑑青家聚餐"开始，赴谭宅聚餐的频率大幅增加，1938年全年共录得33次，平均每月近三次，差不多每周一次，有记录的次数估计超过其他所有人：

1月1日：六时至谭瑑青家聚餐。至老馆张宅宿。

1月15日：至琉璃厂。六时往谭宅聚餐。

1月29日：五时进城，赴谭宅聚餐会。

2月4日：逛厂甸。五时至谭宅，参观书画展览会并聚餐。

2月12日：至谭宅聚餐，拟以五十元购其刘石庵手卷。

2月26日：六时至谭宅聚餐。

3月12日：五时半约孙海波同赴谭宅餐会。

3月26日：五时访孙海波，约宾虹同赴谭氏（宅）聚餐。

4月3日：早至琉璃厂。十二时至谭宅聚餐。

4月17日：十二时在谭宅聚餐。

4月23日：二时半至琉璃厂。六时至谭宅聚餐。

5月1日：十二时往谭宅聚餐。

5月15日：访张效彬。十二时在谭宅聚餐。

5月21日：五时访孙海波。六时至谭宅聚餐。

6月4日：六时往谭宅聚餐。

6月12日：十二时在谭宅聚餐。

6月19日：至琉璃厂。三时访孙海波。六时谭宅聚餐。

7月2日：访孙海波、黄宾虹。黄为题《白岳图》。六时至谭宅聚餐。

7月10日：八时进城。访于思泊、沈兼士。在谭宅聚餐。

7月16日：三时往老馆。五时访林玛林（琍）、孙海波。六时往谭宅聚餐。

7月24日：十时半访林玛琍。十二时至谭宅聚餐。

7月30日：三时进城，访孙海波，往谭宅聚餐。

8月7日：访孙海波、黄宾虹。十二时至谭宅聚餐。

8月27日：访孙海波。六时至谭宅聚餐。

9月4日：至琉璃厂。裱《金文编》。十二时至谭宅聚餐。

9月10日：六时至谭宅聚餐。

9月18日：早往访叶公超、孙海波、黄宾虹。谭宅聚餐。

10月2日：十二时至谭宅聚餐。三时回家。

10月16日：十二时至谭宅聚餐。三时回家。

10月30日：访汪吉麟，观画梅。十二时赴谭氏餐会。

11月13日：至琉璃厂。访邵伯绸。十二时至谭宅聚餐。

11月27日：十一时访孙海波，十二时至谭宅聚餐。

12月25日：游琉璃厂。十二时至谭宅聚餐。

这一方面可能是因为容庚除了同乡之谊外，学术和社会地位进一步提高，另一方面当也与北平沦于敌手，北大、清华等重要高校和文化机构南迁有关，旧日席上人物风流云散，因此屡延屡聚，既有"抱团取暖"之义，也有旧有"客源"大幅流

失，代为站台并"拉新"之意吧。同时，像 2 月 4 日 "参观书画展览会并聚餐"，2 月 12 日 "至谭宅聚餐，拟以五十元购其刘石庵手卷"，则显示，容庚赴谭家聚餐，兼及书画珍赏与互换交易，而以容庚在这方面的造诣和地位，当有近似召集人的角色，因此其中有些聚餐，或为谭瑑青所请，不然，按照谭家菜的行情，以四元为标准，即使不是次次鱼翅席，费用或可略低，也不是一介教授所能承受得了的。

1939 年也录得容庚先生 18 次吃谭家菜的记录，并有两次很有意味的记述：一是在 2 月 23 日的席上容庚以《黄牧甫印谱》易得金和《来云阁诗》，佐证其交易功能；二是 9 月 21 日与朋友在祯缘（源）馆吃完饭后，夜宿谭宅，则显示他们关系的进一步亲密。此外，像 8 月 16 日 "至谭宅午饭" 而非聚餐，当属谭瑑青所请。详情如下：

1 月 6 日：访徐宗浩。十二时至谭家聚餐。

1 月 22 日：逛琉璃厂。十二时往谭宅聚餐。

2 月 23 日：在谭宅聚餐。余以《黄牧甫印谱》易得金和《来云阁诗》。

3 月 5 日：至厂甸。十二时在谭宅聚餐。

3 月 12 日：至琉璃厂。十时在谭宅聚餐。

3 月 26 日：至琉璃厂。访徐养吾。十二时至谭宅聚餐。

4 月 23 日：至琉璃厂。十二时至谭宅聚餐。

6 月 4 日：八时进城，至琉璃厂。十二时至谭家聚餐。

7 月 2 日：十时进城，访黄宾虹，至谭宅聚餐。

7 月 16 日：访沈兼士。逛琉璃厂。十二时至谭宅聚餐。

7 月 30 日：八时进城。十二时至谭宅聚餐。

8 月 16 日：星九时进城，访周怀民。十二时至谭宅午饭。

8 月 27 日：八时进城。至谭宅聚餐。

9 月 10 日：十二时至谭宅聚餐。复与李桢游琉璃厂。

9 月 11 日：下午李桢来，与同进城，至邃雅斋，请侯墆与李桢在祯缘（源）馆便饭。在谭宅宿。

9 月 24 日：八时进城。至琉璃厂。十二时至谭宅聚餐。

12 月 3 日：访周怀民、黄宾虹。十二时邀怀民至谭宅聚餐。

12 月 31 日：访汪霭士，与汪同至谭家聚餐。

1939 年，北京已经沦陷，饮食业也已经处于衰退之中，而谭家菜仍然备受好评。北京《益世报》1939 年 2 月 4 日第 5 版署名见微的文章《谭家菜与周家酒》就先抑"南谭"："前天'绿叶'谈到'谭家菜'，南谭北谭并举，据予所知，南谭（组庵）名虽大，实不如北谭（瑑青）之精美，其中最大异点，则南谭馔品，制自庖师，北谭则出夫人手制也。"复抑"周酒"："北京'士大夫'阶级，无不知有'周家酒'与'谭家菜'者，周为周作民先生（按：周氏1935年起任金城银行董事长兼总经理），家储陈绍精品至多，每斤二元，周氏与人宴叙，非自家之酒不饮，友好知之，座客有周，必向周宅买酒，或不得已而向市上买酒，亦须用二元一斤者，故人有谓周氏饮酒，意含豪兴。周家酒孰不若谭家菜之名副其实也。"两抑皆为一扬——扬"北谭"："谭菜最脍炙人口者，为'鲍''参''翅''肚'四种。色色精绝，而鱼翅尤美。最高者，一碗鱼翅，须耗本二十金，三日乃能制成。如一席为六七人，则仅此一菜，已够饱矣。"并借谭瑑青本人之言以介绍其鱼翅之美，更是罕闻："予曾闻之瑑翁，京市最著名之饭馆，如东兴楼丰泽园之类，所作鱼翅之红烧者，多带黑色，此即黄色，又馆肆之翅，亦无整个不碎者，至于西来顺等之清炖翅，则根本掩没翅之特点，因翅是带液质的，一清炖便无液汁，岂非糟糕。诚经验之谈。予因一般尽称道谭家菜之美，而绝少道出其美之所以然者。"最后以"去年作古之散原老人陈三立"为其宾客张目："每次莅京，友朋欢宴，非谭家菜决不一顾也。"作者见微稍后再在北京《益世报》1939年2月23日第5版刊登《谭家菜与谭家书画》，谈到坊间（其实今日依然）认为在谭家菜请客，必须为谭瑑青预留席位，在谭氏本人看来，纯属谣传误会："近有北京某报，亦纪谭家菜事，颇多可笑处，

尤妙者，谓凡有借聊园宴集，主人必须列席云云。余向以逐日被邀陪宾为'苦差'，屡辞不获，今藉某报一言，竟好藉口脱身事外，诚一大快事也。"这真是前所未见的史料。

容庚 1940 年虽只录得 8 次容庚吃谭家菜的记录，不过透露出一个信息，就是谭家菜的鱼翅席，已经由原来的每位四元，调至每人七元，容庚更是一月之内于 11 月 3 日和 24 日两吃鱼翅之席：

2 月 11 日：访邱石冥。十二时至谭宅聚餐。

3 月 10 日：十二时至谭宅聚餐。

5 月 5 日：十二时至谭宅聚餐。

6 月 2 日：十二时至谭宅聚餐。三时至琉璃厂。

7 月 14 日：游琉璃厂。十二时至谭宅午餐。

10 月 20 日：早至琉璃厂。十二时至谭宅聚餐。

11 月 3 日：十二时至谭宅聚餐，鱼翅席，每人科洋柒元。

11 月 24 日：十二时至谭宅聚餐，全是燕大同人，每人科份金七元。

1941 年在 12 月日记缺失的情况下，录得 17 次吃谭家菜的记录，为数也不算少：

2 月 2 日：九时逛厂甸。十一时至谭家聚餐。

2月16日：八时进城，访于思泊。十二时至谭宅聚餐。

3月16日：八时进城。访周怀民，同至谭宅聚餐。

3月30日：早与怀民至新馆。十二时至谭宅聚餐。

4月1日：六时至谭宅饯行，赠谭璨青以冯敏昌对。

4月13日：十二时偕周怀民至谭宅聚餐。

5月11日：逛琉璃厂。十二时至谭宅聚餐。

5月25日：逛琉璃厂。十二时至谭宅聚餐。

6月8日：访朱鼎荣、周怀民。十二时至谭宅聚餐。

6月22日：访汪吉麟、周怀民。十二时至谭宅聚餐。

7月17日：厂肆。十二时至谭宅聚餐，餐后至屠朴家。

7月20日：十二时至谭宅聚餐。

8月31日：早至琉璃厂。十二时至谭宅聚餐。

9月28日：十二时至谭宅聚餐。至老馆。

10月12日：逛厂肆。十二时至谭宅聚餐。

11月23日：至金薤阁观篆书碑。至谭宅聚餐。

（12月日记缺）

容庚 1942 年的日记也缺失了，甚为遗憾。但到 1943 年，则仅录得三次：

> 1月3日：校甲骨文。阅画。罗惇曧来，同赴
> 谭宅聚餐。
>
> 1月17日：校《帖目》。郭绍虞来。十二时至
> 谭宅聚餐。
>
> 1月31日：阅试卷。十二时至谭宅聚餐。至
> 老馆。

大概因为谭祖任已经日薄西山，无力张罗宴请了。谭于是年6月5日去世。6月6日容庚有日记："下午游琉璃厂，往谭宅吊丧。"

当然谭家菜仍然坚持着，毕竟已成生活支柱，而且已经名声在外，食客仍然络绎不绝，但此后却罕见容庚再履迹谭宅，仅录得1944年3月12日有"十二时至谭宅聚餐"一条——这应当是真正的最后一次，毕竟物是人非了。无论谭家菜鱼翅席和便餐都曾多次吃过的唐鲁孙，抗战胜利回到北平，本想重游叙旧，可是听说谭公龙光早奄，而他那位阿姨也莲驾西归，即便谭家菜生意仍然鼎盛，中晚都是车马盈门，再兼不必经过熟人介绍可径往点菜，但一念及往昔情调全无，最后还是却步回车，只愿对昔日艺术氛围浓厚的谭家菜留个永远美好念想。

容庚何尝不是如此呢？谭氏在时，不仅美酒佳肴之后，

书画珍玩，赏鉴交易均得其宜。如容庚 1938 年 2 月 4 日日记："八时进城，逛厂甸。五时至谭宅，参观书画展览会并聚餐。"12 日又记："拟以五十元购其刘石庵手卷。"1939 年 2 月 23 日则记曰："在谭宅聚餐。余以《黄牧甫印谱》易得金和《来云阁诗》。"1941 年 4 月 1 日，更赠以"冯敏昌对（联一副）"以为回报。不仅容庚有此类记录，邓之诚也曾委托谭氏代为交易：1933 年"7 月 9 日，晨入城访谭瑑青，托卖太平砚及来凤砚"；"8 月 21 日，晨入城，诣谭瑑青、尹石公、梁忍庵处谢步。以玉林玉师篦子托瑑青出手"。顾颉刚在 1956 年 10 月 29 日日记中写他吃了与恩成居公私合营后的谭家菜，只觉得"所作者皆煮或炖，不用煎炒，故特烂，与成都'姑姑筵'作法同，资料亦以海味为多"，风雅则早已销歇。

从风雅及其互市角度，容庚 1940 年 5 月 26 日日记中所剪集当日的《实报》小尹（侯少君）作《学人访问记——容希白》，说他粗衣淡食，并非妄言："（容庚）是个性情豪爽的人，十足的表现出广东民性的进取特点……他生平著作不下三十余种，文中所叙，仅一部分耳。拿他的治学精神来想象，也绝不是和旁人可以道里计的。虽然他有了这大的声誉，但他仍是粗衣淡食，外表仍是俭朴之至。这算是所谓'锦心无华冠'了。"也是，从日记中看，除了谭家菜，因为应酬需要，北平很多大小酒家饭庄都曾留下容庚的足迹，但从未有一言及于菜式的美恶。

最后，容庚之所以遍尝北平各路酒楼饭庄而迹不履广东

馆，除了谭家菜使其曾经沧海难为水之外，东莞会馆以及母亲妻子弟妹和同乡如张荫麟、伦哲如等烹制的家常饮食，远比入乡随俗了的广东馆味道来得正宗和地道，如此则何暇外求呢？

更何况，东莞会馆，与容家渊源甚深：老馆由其外祖父邓蓉镜于1875年（光绪元年）经手购置，属东莞明伦堂留置公产，占地2.073亩，属明代建筑，有砖房49间。由于五口通商后广东包括东莞人北上经商求学等日众，老会馆不久就不敷使用，邑人陈伯陶遂于1910年再捐银5 000两，购得上斜街路南56号原年羹尧宅邸一部分辟建为新会馆，占地5.745亩，面积远大于旧馆，有房90间，也倍于旧馆。容庚初上北平，寄居于此，1941年太平洋战争爆发后，日本强占燕京大学，容庚一时失去教职，生活陷于困顿，复迁居于此。（易新农、夏和顺著《容庚传》，花城出版社2010年版，第141页）如此，回会馆食宿，并不大异于归家，更有一番温馨在。

食在广州

拓殖上海，消夜先行

"是骡子是马，拉出来遛遛。"粤菜必须走出广州，走出广东，才能获得更广泛的认可，才能使"食在广州"美名传扬。从某种意义上说，正是上海，成就了"食在广州"，近年我反复撰文讨论这一点，这里只想再详述其在上海拓殖的早期历程，却发现乃是消夜先行。不过先要说明一下的是，无论在上海还是广州，"消夜""宵夜"都通行混用，要分辨其区别，大约"消夜"侧重动态的消费行为，"宵夜"侧重静态的消费提供，套用现词，就是消费侧和供给侧的区别吧，总之都是一回事。

1924 年，秋容先生在上海《大众》杂志创刊号上发表《食在广州？食在上海？》一文，认为上海饮食繁华，什么都有得吃，与其说"食在广州"（指代全体，代表广东菜），不

如说"食在上海"。可是他忘了，在上海，除了广东馆子，消
夜就没得吃。如成书于1906年的颐安主人的《沪江商业市景
词·消夜馆》写道："馆名消夜粤人开，装饰辉煌引客来。一
饭两荤汤亦备，咸贪价小爱衔杯。"（见顾炳权编著《上海洋
场竹枝词》，上海书店2018年版，第158页。据同书第157
页，新式的茶居也同样属于粤人的专利："茶寮高敞粤人开，
士女联翩结伴来。糖果点心滋味美，笑谈终日满楼台。"）一
提到消夜就想到这是广东人开的。同时期辰桥的《申江百
咏》里也说："清宵何处觅清娱，烧起红泥小火炉。吃到鱼生
诗兴动，此间可惜不西湖。"并自注曰："广东消夜店，开张
自幕刻起至天明止，日高三丈皆酣睡矣。冬夜最宜，每席上
置红泥火炉，浸鱼生于小镬中。且鱼生之美，不下杭州西子
湖，尤为可爱。"（见顾炳权编著《上海洋场竹枝词》，上海书
店2018年版，第97页）清宵清娱，找来找去，还是只好找
广东馆子。到了清末民初，朱谦甫的《海上竹枝词》则写到
著名的消夜馆以及更详细的饮食风味了："广东消夜杏花楼，
一客无非两样头。干湿相兼凭点中，珠江风味是还不。""冬
日红泥小红炉，清汤菠菜味诚腴。生鱼生鸭生鸡片，可作消
寒九九图。""莲子羹汤沁齿牙，消痰犹有杏仁茶。冬菰鸭粥
还兼饭，偶尔充饥亦不差。"（朱谦甫《海上光复竹枝词·海
上竹枝词》，上海民国第一图书局1912年版，第10—11页）
诚然，广东人不仅异常勤快地开着别人不愿熬夜开的消夜馆，
而且出品还丰富着、新鲜着呢。

　　早期的消夜馆虽然也吸引别的顾客，但主要还是服务粤人群体。如1922年少洲先生在《红杂志》第41期发表《沪上广东馆之比较》说，"广东人多住在虹口一带，所以广东的酒食肆，亦以虹口为盛"，并统计出此地的14家酒食肆，大的酒楼只有会元楼和粤商大酒楼，其余"宵夜馆十二家：味雅、冠珍楼、小旗亭、美心、品芳楼、江南春、荃香、宜乐、中意、广吉祥、怡珍，及最近新开之广东大酒楼"；所谓"广东大酒楼"，原来也是消夜馆，不过这也暗示了消夜馆向大酒楼发展的趋势。后来成为著名大酒楼的味雅消夜馆，此时就已初具气象了："味雅开办的时候，仅有一幢房屋，现在已扩充到四间门面了，据闻每年获利甚丰，除去开支外，尚盈余三四千元，实为宵夜馆从来所未有。"而消夜馆之所以赚钱，是因为它的出品好："若论他的食品，诚属首屈一指，而炒牛肉一味，更属脍炙人口。同是一样牛肉，乃有十数种烹制，如结汁呀、蚝油呀、奶油呀、虾酱呀、茄汁呀，一时也说不尽，且莫不鲜嫩味美，细细咀嚼，香生舌本，迥非他家所能望其项背，可谓百食不厌。有一回我和一位友人，单是牛肉一味，足足吃了九盆，越吃越爱，始终不嫌其乏味。还有一样红烧乌鱼，亦佳，入口如吃腐乳。"它的出品好，是因为广东人经营消夜馆，并不是简单地向市民提供充饥果腹的食物，而是把它当作正餐来做。如"江南春专售中菜式的番菜，又可以唤作广东式的大菜"。广东人之所以这样做，是出于他们的精明与务实——在上海国际化的进程中，占据晚间的消费空白点。晚间强劲的消费，是所有都市国际化进程中的必然现象。所以，当五六十年过后，著名的易中天先生看到在开放改革中先行一步的广州发达的消夜市场时，认为"十分罕见，不可思议"，仍认为最足表征"食在广州"："深夜，可以说才是'食在广州'的高潮……近年来由于物质的丰富和收入的增加，宵夜的人越来越多，经营宵夜的食肆也越来越火爆……构成独特的'广州风景'……这在内地尤其是在北方城市，不但罕见，而且不可思议。但这又恰恰是地地道道的'广州特色'。"（易中天《读城记·广州市》，参引《新周刊》1998 年第 5 期安宁文，上海文艺出版社 2002 年版，第 231 页）

其实，这广州特色，既可延及当下，更可溯及久远。要知道，岭南炎热卑湿，一早一晚，更宜活动。比如，今日广州还有夜市（入夜开市，凌晨收档）与天光墟（凌晨开市，天光收档）。尤其是夜市，不仅早已有之，而且丰富得很。早在唐代，著名诗人张籍在《送郑尚书出镇南海》中就说："远镇承新命，王程不假催。班行争路送，恩赐并时来。牙旆从城展，兵符到府开。蛮声喧夜市，海色浸潮台。画角天边月，寒关岭上梅。共知公望重，多是隔年回。"而清人张泓《滇南新语》则说得更详细："岭南有鬼市，在残漏之前……黄昏后，百货乃集，村人蚁赴，手燃松节曰明子，高低远近，如萤如磷，负女携男，趋市买卖，多席地群饮，和歌跳舞，酗斗其常。而藉引以为桑间濮上，则夷习之陋恶也已甚。届二鼓，始扶醉渐散者半。""一边夜市，一边吃喝"，这大约就是广州消夜最初的

形态。再则，广东人晚睡晏起的生活形态，也决定了消夜的必须，即在上海的广东人也不例外："广人日仅两餐，夜半则加一餐，故曰'消夜'。"（池志澂《沪游梦影》，上海古籍出版社1989年版，第159页）

当时在全国，大概也只有广州和上海消夜能发展发达起来——广州因为气候和原生态的生活需要，上海则因为粤人的大量聚居及国际化不夜城的需要。不过相比较而言，广州的消夜更讲究："广州最时行'宵夜'。这'宵夜'并不是上海人冬天在广东店叫来一只炭盆几碟生鱼的宵夜。却是随便小吃的称谓。更有的在晚上十一二点钟吃二三十元的酒席。也叫宵夜。'食在广州'，亦可见广州人对于'吃'的利害了。"（《今日的广州》，北京《益世报》1931年6月25日第9版）

如果说广州的消夜向正餐化高档化发展，上海则更体现在消夜馆向大酒楼的发展，但当时又保留着消夜馆，以适应更广泛的市场需求。后来很多消夜馆发展成的大酒楼比如杏花楼，以及新发展起来的新雅粤菜馆等，仍保留营业至凌晨一两点，既可以说是兼营了消夜，也可以说是对消夜馆传统的发扬。这里我着重讨论消夜馆在新时期的新发展，而主要考察《上海指南》中消夜馆的数量变化及编撰者的表述，一斑窥豹。

商务印书馆1909年版《上海指南》卷八《游览食宿》一节，收录了8家广东菜馆，全部是消夜馆，主要分布在当时租界的繁华之区四马路和宝善街："万家春，英租界四马路五百二十四号；杏花春，四马路四百四十号；红杏楼，四马路

四百四十五号；悦香居，四马路四百三十四号；竹生居，英租界宝善街一百五十号；奇珍楼，英租界宝善街八十五号；品香居，英租界麦家圈一百四十五号；燕华楼，英租界湖北路五十七号。"

商务印书馆1912年新版《上海指南》卷五《食宿游览》一节，则已将广东馆（粤菜馆）与京馆、扬州馆、徽州馆、宁波馆并列，并说"新鲜海味则以宁波馆及广东馆为最多，其价鱼翅席八元五角，或十元五角，如无多客，则以点菜为宜"，而且出现了大酒楼与消夜馆的分列，大酒楼有"杏花楼（福州路五〇九号）、翠乐居（北四川路一九七六号）、会元楼（北四川路一九四六号）"3家。对单列的消夜馆则予以详细的介绍："宵夜店为广东人设者，多在四马路一带，每份一冷菜热菜一汤，其价大抵二角半。冷菜为腊肠烧鸭油鸡之类，热菜为虾仁炒蛋鳅鱼炒牛肉之类，亦可点菜吃。冬季则有各种边炉，又有兼售番菜莲子羹杏仁茶咖啡等物者。"开列的消夜馆家数也更多了："普天香，南京路；永香楼，福州路一九七号；一品春，南京路二四五号；广香居，福州路五八六号；品冠居，麦家圈一四五号；竹生居，广东路一四九号；荣华楼，南京路四一号；奇珍楼，广东路八五号；醉琼林，汉口路〇号；竹申居，福建路一四九号，兼营大菜；杏花春，福州路四四〇号；怡珍居，广东路；共和楼，福州路一八六号；天兴楼，湖北路二〇一号；燕华楼，福州路一二二号；竹安居，湖北路；杏花楼，福州路五〇九号；同乐楼，公馆马路二四四号；燕庆楼，

福州路一三六号；评芳楼，广东路中市兼大菜；乐趣园，福州路三九五号；香花楼，天潼路；杏花春，福州路四〇八号。"累计达 23 家之多。这充分反映了以消夜馆领衔的粤菜馆在上海的长足进展。

时人以"仿白香山不如来饮酒诗体"咏食消夜，更是活灵活现，十足解颐："不如来饮酒，消遣此寒宵。炉火红泥炽，羹汤白菜烧（凡食边炉，锅中必先有白菜数片）。三杯供醉啖，一脔学烹调。待得生鱼熟，筷儿急急撩。（鱼生久煮即老，食者故急于撩取。）不如来饮酒，团坐火炉边。菠菜腾腾热，冬菇颗颗圆。饱余心亦暖，餐罢舌犹鲜。归去西风紧，何妨带醉眠。"（《咏广东馆吃消夜》，见云间颠公编辑《最新滑稽杂志》第三册，扫叶山房 1914 年版，第 30 页）

十年之后，商务印书馆 1922 年版《上海指南》卷五《食宿游览》一节，列在大酒楼中的广东馆增加了一些，不算多，毕竟还没有到国民革命军北伐胜利之后逐渐进入的黄金时代，分别为崇明路 90 号太白楼、福州路 509 号杏花楼、南京路 1209 号东亚酒楼、崇明路 87 号味雅酒楼、北四川路 1976 号粤商大酒楼、北四川路 331 号会元楼等 6 家；消夜馆未必尽列，也开列了大新楼、中华楼、竹生居、同发酒楼、共和楼、同乐楼、长春楼、东江楼、竺生居、粤东广济行、发记、翠芳居、广吉祥、广珍楼、广源楼、刘三记、醉华楼、燕华楼、锦香楼等 19 家。商务印书馆 1925 年版《增订上海指南》卷五《食宿游览》一节与此大同小异，无须再列。

到商务印书馆 1930 年版林震编纂的《上海指南》卷五《食宿游览》一节，大型的粤菜馆则大增至 11 家，分别为大东园、大东酒楼、安乐酒家、西部酒楼、东亚酒楼、味雅酒楼、章记酒家、粤南酒楼、粤商大酒楼、新新酒楼、会元楼；消夜馆则只收大新楼、同发酒楼、同乐楼、味雅、东江楼、江南春、陶陶酒家、粤东广济行、群芳居、广珍楼、醉香居、醉华楼等 12 家，大有此消彼长之势。

再到光明书局 1947 年版东南文化服务社编的《大上海指南》，则一口气开出大型粤菜馆一家春、大三元、杏花楼、羊城酒家、金门大酒楼、京华酒楼、东亚又一楼、先施公司、南国酒楼、南华酒楼、冠生园、冠生园支店（南京西路七八〇号）、冠生园支店（中正北一路一六六号）、冠生园支店（金陵东路四一六号）、美心酒楼、美华酒楼、红棉酒楼、曾满记、康乐酒家、万寿山、新新酒楼、新都酒楼、新雅酒楼、新乐酒楼、新华酒楼、荣华酒楼、醉乐楼、乐园酒楼、沪宁酒楼、岭南楼酒楼等 30 余家，方此之际，消夜馆显然已经式微，虽未退出市场，然已无须单独列出了。

或者，由于广东大酒楼的勃兴，消夜馆的相对式微，在时人眼里，消夜馆已经改称经济饭馆了：

广州馆子占着一个极大的势力，而广州的经济饭馆的势力在上海尤其是普遍雄大。只要到爱多亚路及北四川路一带，这一种广州的经济饭馆

是极其普遍众多的。广东的经济饭馆，有一个很
大的长处，就是小菜的花样非常的繁多，你要吃
什么，就有什么，普通大饭馆里很贵的菜，而在
广东经济饭馆里二三毛就成，比如，生炒甲鸡，
红烧鱼翅之类的菜，在别处，起码非一元不可的，
而在经济饭馆里，只要三毛四毛钱就够了。

　　说经济，真是名副其实的经济，一盘生菜牛
肉，只要小洋一毛，一碗牛肉炖饭，也只要一毛小
洋。而且，大部分的菜，都是只有一毛五分或两
毛，最贵的菜也不过小洋四毛，所以，一个人去吃
饭，有两毛小洋，很可以得着相当的满足。广州经
济饭店最有名的小菜，是凤脚水鱼，生炒甲鸡之
类。很得一般人的爱好。而且，他们的顾客与营业
时间，因为各种地段不同，也有很多的分别。

等说到其营业时间，则可分明判断出，有的正是传统的消
夜馆：

　　爱多亚路一带的广州经济食饭店，差不多都
是全夜营业的。因为爱多亚路一带是一个游玩的
中心，所以，这一带的饭客，都是戏院、游艺场
的游客居多，以夜市的生意为最好。他们不但没
有早市，而且，开市的时间，还在下午二时呢。

但与时俱进的是，有的是与正常大酒楼同步营业的，如此也可说消夜馆真正向经济饭馆"进化"了：

> 北四川路的经济饭店，营业的时候，与普通的店家一样，以中市的生意为最好，尤其是武昌路一带，因为他们的顾客，都是公司洋行的小职员，晚上的生意就比较清淡多了。广州经济饭店所抱营业方针，是薄利多卖主义，故他们一年总是稳获盈余。因为上海社会不景气的关系，有许多大的广州饭店都已附设了经济小食部，可是，他们的生意也不见得十分好，这因为，有许多人都已经跑惯了经济饭店馆，而对于大馆子望而却步的原故。（为麟《经济的广东馆》，载《大公报》上海版 1936 年 10 月 8 日第 15 版）

上海如此，天津亦然："法租界绿牌电车道的'宴宾楼'，虽然平常也有简单的菜肴，不过，总还脱不了小规模的宵夜馆气息，以卖点心为主，正式宴会，或多人进餐，很少光顾他家的。至于以廉价号召的'奇香食堂'，更是等而下之，完全为宵夜馆。"（王受生《天津食谱关于吃的种种》三十二《宵夜馆》，载《大公报》天津版 1935 年 2 月 21 日第 15 版）广东馆本源于消夜馆，有什么好奇怪的呢，更多的应该是赞美！

各领风骚

粤菜名厨的上海往事

2022 年 3 月放榜的涵盖中西所有菜系的"黑珍珠餐厅指南"，全球有 283 家餐厅上榜，粤菜餐厅以 64 家的上榜数继续大受欢迎，但广州只有 13 家，此外深圳 5 家、汕头 4 家、顺德 2 家，另香港 10 家，澳门 7 家，而岭南以外 23 家中，上海 11 家，仅次于粤菜大本营广州，高于以新派粤菜著称的香港，令我们想起了民国时期粤菜黄金时代的海派粤菜风光。

我们知道，"食在广州"得名的历史并不像人们想象的那么悠久。清初的屈大均说岭南饮食之美，是由于"天下所有食货，粤东几尽有之"。然而到咸同之际，广州食柄，犹操于"姑苏酒楼同行公会"；清末民初，以接待当时的官宦政客，上门包办筵席为主要业务的八大"大脚馆"——聚馨、冠珍、品荣升、南阳堂、玉醪春、元升、八珍、新瑞，都是属"姑苏馆"组织的，而老行尊冯汉先生进一步说，到20世纪二三十年代"食在广州"的全盛时期，全市仍有100多家大肴馆，可见"姑苏馆"的影响力及其流风余韵。而真正唱响"食在广州"的，也并不是主要在广州，而是在上海。上海才是真正的大市场，才是各大菜系比拼的大舞台，使各大菜系兼容并蓄，奋发创新，最后借助传媒中心的鼓吹之力功底于成。事实上，几乎所有"八大菜系"，都是在它们走出各自乡邦之后，跨区域跨市场融合发展，调适众口，才可能获得认可，赢得名声，成为享誉全国的一大菜系的。

民国时期，粤菜风行上海，尤其是新雅饭店的粤菜，还赢得了"国菜"殊荣。这可是明末四公子之一冒襄后人、著名剧作家舒湮（冒效庸）说的："粤菜做法最考究，调味也最复杂，而且因为得欧风东渐之先，菜的做法也掺和了西菜的特长，所以能迎合一般人的口味。上海的外侨最晓得'新雅'，他们认为'新雅'的粤菜是国菜。"（《吃的废话》，载《论语》1947年第132期）这里面，厨师当然是首功。我们不妨从新中国成立初期的肖良初、康辉说起，再倒叙往日的辉煌。

1951年国家组建"新中国第一个国宾馆"——锦江饭店，首任行政总厨即广东顺德人肖良初（1906—1985）。当年在上海滩为了维护自己的利益，他曾与另外九位顺德籍厨师结为兄弟，守望互助；他是老大，他还有一位师父郭大开，也是一代名厨，当然也是顺德籍了。据说，1961年顺德大良公社书记的月工资是70元，大学一级教授比如中山大学陈寅恪先生的

工资也才 381 元（俗称"381 高地"），而肖良初在锦江饭店的月工资是 540 元，可见其身价之高。再说，锦江饭店可是在著名的锦江川菜馆的基础上组建的，大名鼎鼎的四川籍的董竹君女士顺位过来任董事长，厨师长却请的顺德籍的肖良初，也可想见粤菜在上海的地位、顺德籍厨师在上海的地位以及肖良初出色的本领。

在锦江饭店，肖良初先后为一百多个国家的国王、总统、首相、总理等政要主厨或安排菜式，其中的"三大杰作"，堪入厨史。其一是 1952 年，作为新中国派出的第一位厨师代表参加莱比锡国际博览会，不仅以一款"荷叶盐鸡"夺得烹调表演会金奖，而且"征服"了德意志民主共和国总统皮克，获赠金笔和亲笔签名的个人照片，堪称外交轶事。其二是 1954 年喜剧大师卓别林访沪，吃了肖良初的"锦江香酥鸭"后，叹为"毕生难忘的美味"，竟向周总理提出打包两只带回美国与家人分享。其三是撒切尔夫人 1982 年访问上海，香港船王包玉刚在锦江设宴款待，肖良初以七十六岁高龄重出掌勺，一下引爆了香港媒体的兴奋点，报道几欲喧宾夺主："船王午宴英相，顺德厨师掌灶"，"主厨是七十八岁（七十六）岁肖良初，顺德大良人……"其实，肖良初厨师生涯的传奇之巅，应该是在 1961 年的联合国日内瓦会议上。1954 年，新中国首次以五大国之一的身份参加联合国讨论重大国际问题的会议，取得了一系列重要成果；为了维护这一成果，1961 年，联合国再开日内瓦会议。古语云，折冲樽俎，即在酒席宴会、觥筹交错间，解决重大问题。这也是总理周恩来最为擅长的技巧之一。折冲樽俎的效果如何，掌厨政者的表现非常关键。当此之际，外交部部长陈毅钦点了肖良初。而肖良初也倾情回报，所创制的八珍盐焗鸡，受到各国嘉宾的交口称誉。这款名菜，乃是在广东客家菜东江盐焗鸡的基础上，在鸡腔内加入鸡肝、鸭肝、腊肉、腊肠、腊鸭肝、腊鸭肠、腊板底筋、酱凤鹅粒等配料，用荷叶包裹，外以锡纸包住，在海盐中焗熟，鸡肉的鲜冶、盐香的浓郁、荷香的清淡、腊味的馥郁，能神奇地集于一体。

1955 年，北京饭店扩建后，国务院派专人到上海，委托锦江饭店帮助挑选推荐厨师人选，肖良初举贤不避亲，推荐了他们当年美华酒家十兄弟中的老小、31 岁的康辉。北京饭店可是厨师界的殿堂，大师云集：川菜有南肖（良初）北范的范俊康及罗国荣，淮扬菜有朱殿荣、王杜昆，粤菜有张桥、郭时彬，湘菜有陆俊良，豫菜有侯瑞轩，1958 年周总理又亲自把谭家菜请了进来，彭长海、陈玉亮也堪称正宗传人……但是，不愧是"食在广州，厨出顺德"，康辉很快就脱颖而出，1961年就被委以重任，到中南海给毛主席当厨师，此外，他还做过一段时间胡志明的厨师，创制的"脆皮鸡"，成为胡氏的最爱；投桃报李，此后胡志明每次访华，必请康辉同席共膳，还曾亲自为他夹菜，待若上宾，简直令康辉"受宠若惊"。国家名誉主席宋庆龄，对家乡的粤菜情有独钟，每次家中招待亲朋好友、外国贵宾，都要请康辉主厨；他创制的"酒烤比目鱼"，成为宋氏最爱。康辉后来说起来，轻描淡写的："比目鱼烤出

来，浇一点沙拉油，就可以上桌"，"做法很简单，用不了多少时间"。实际上，他口中的"用不了多长时间"，从头到尾也要花 5 个小时啊！

康辉最珍视的经历是 1962 年给毛主席做年夜饭，那是三年困难时期后的第一年，只允许康辉为主席做几碟湘味辣椒、苦瓜、豆豉等小菜，再配上大米饭加馒头，唯一撑场面的是葡萄酒，因为主席还邀请了溥仪、章士钊和另外三位名流。这等规格的年夜饭，外人是难以想象的，无法不令康辉铭心刻骨。

后来，康辉出任北京饭店行政总厨，并负责筹建钓鱼台国宾馆和人民大会堂餐厅，构筑起北京国宴的三足鼎立格局。至此，南北两大国宾馆，悉归顺德人掌勺。顺德菜，在某种意义上，便成为那个时代的"国菜"了，康辉更成为中国厨师的一代国宝：1982—1984 年三次应邀赴法交流切磋厨艺，名动法兰西，被法国名厨协会邀请为会员，并被授予"烹饪大师"称号；1985 年荣获北京市劳动模范称号；1987 年当选为中国烹饪协会常务理事；1988 年在日本举行的第二届国际烹饪大赛中担任评委；2002 年被授予国宝级烹饪大师称号——全国仅十六人获此殊荣。

附：康辉大师名动法国的"红焗酿乳鸽"制法（见张林《国际交谊与中华美食》，湖北人民出版社 2004 年版）

用料：乳鸽三只，水发冬菇50克，冬笋750克，大葱白100克，红葡萄酒150克，淡汤500克，盐、白糖、味精、酱油、胡椒粉、姜、芡粉各适量，花生油750克。

制法：1. 将乳鸽抹上酱油稍腌片刻，冬笋切厚片，冬菇片两半，大葱白剖开切成寸段，姜切片。2. 将乳鸽入热油锅炸至金黄捞起，将葱白煸炒至金黄捞起待用。3. 将姜片入锅煸炒出味后，乳鸽下锅，继以红葡萄酒100克、淡汤500克，并盐、白糖、胡椒粉、冬菇、冬笋等配料适量，一并煮滚后加盖焖焗至熟，调入适量味精，即可出锅。4. 出锅时，餐盘用冬菇垫底，乳鸽切块码放，鸽头鸽翼点缀成鸽状；原汁内放入煸黄的葱白再加红葡萄酒50克调好味，用芡粉勾芡，淋于鸽上即成。

除肖、康两位大师外，《上海饮食服务业志》第一篇《饮食业》第七章《名店名师》第二节《名师》，载录了11位各菜系名师小传，其中粤菜名师2人，分别为李金海和冼冠生：

李金海（1876—1947年），广东番禺人。清光绪十四年（1888年）入福州路杏花楼厨房间当学徒，后成为该店厨房的当家名师。杏花楼原是一家广东风味的小吃店。至 20 世纪 20 年代，由李金海集资接盘。以后他又盘进隔壁小旅馆，翻建加层，扩大营业面积。1927 年春新店落成后，杏花楼已成为具有七开间门面，四层楼面，备有电梯上下，经营"中西大菜、喜庆筵席、龙凤礼饼、回礼茶盒"的著名酒楼。1928 年，李金海见广式月饼在上海市场畅销，李在原来生产龙凤礼饼的基础上，聘请了月饼名师，试制广式月饼，着眼于创制本店特色。从这年中秋节开始，就借鉴锦芳饼家和冠生园的月饼，进行逐只解剖，精心研究，然后定出自己的用料和配方，试制了五六担（每担 50 公斤）月饼，赠送老顾客品尝，广泛听取意见；后又经过两年试销，反复改进，不断提高，使产品有了自己的特色，受到众多顾客的赞扬。并在此基础上，他坚持选用优质原料，不断提高产品质量。如选用储存两年以上的玫瑰花取代高粱酒作香料，创制了玫瑰豆沙月饼，颇受顾客欢迎。李金海还借用神话传说、名胜古迹，先后创制了定名为"嫦娥奔月""月中丹桂""银河夜月""三潭印月"等 30 多种杏花楼高质量的特色月饼，并请著名画家绘画"嫦娥奔月"彩色国画配贴盒面，精制质地坚硬的饼盒。由于杏花楼月饼质量好，定名优美，装潢精致，因此，备受顾客欢迎。产品问世不久，其产量、质量均跃居全市同业之冠，盛销不衰。

　　冼冠生（1887—1952年），名炳成，字冠生，出生在广东佛山一个裁缝家，早年丧父，由母亲抚养成人。14岁时来沪，在表兄所开的"竹生屋"饮食店帮伙。几年后在九亩地自设"陶陶居"点心店，但业务清淡。当时上海文明戏盛行，南市"新舞台"戏院演出连台本戏经常满座，冼就试制陈皮梅和果汁牛肉干等在戏院门口出售和场内托盘叫卖。由于风味独特，价廉物美，颇受欢迎。冼又专程回佛山老家，学习制作话梅技艺。重返上海后，他精心制作产品，并用印有"香港、上海冠生园"字样的商标纸包装，美观卫生，颇受欢迎。未几，在老城厢附近就小有名声。1915年由"新舞台"名演员夏月珊等人出资，冼以商店和设备作价入股，在九亩地开设食品店，取名"冠生园"，冼冠生任经理。由于他经营有方，3年后冠生园改合伙为股份有限公司，资金增至15万元，并设董事会，冼仍任经理。之后，他在局门路建一自产自销的食品工厂。冠生园牌子在上海打响，冼又在南京路设总店，九亩地原址改为"冠生园"老店，并在二马路设发行所，经办批发业务。他还在漕河泾建了一座大型食品工厂。冠

生园在上海奠定基础后，冼冠生就积极筹划向外地发展。他稳扎稳打，步步为营，逐步在武汉、天津、南京、杭州等大、中城市建立起分店，分店之下再设支店、代理店，同时设一个食品厂，一个发行所，形成工商一体的食品企业，使冠生园在上海食品行业中同泰康、梅林形成三足鼎立之势。冼冠生热爱祖国。他以"食品救国"为口号，以价廉物美的产品与充斥上海的洋货相抗衡。1937年淞沪战争中，冼冠生加紧劳军生产，将面包、光饼、咸鱼、酱菜等用卡车源源不断运至前线，慰问浴血奋战的将士。为此，冯玉祥赠以"现代弦高"的称号。解放后，冼冠生继续主持上海冠生园业务，至1952年去世时止。

此外按姓名、出生年份、单位和技能特长简要记录了一些各帮名师，其中粤菜名师占4位，分别为：肖良初，1906年，锦江饭店，著名川帮大师；何喜惠，1908年，美心饭店，著名广帮烹调师；余洪，1896年，大三元酒家，著名广帮砧礅师；宋泰来，1904年，大三元酒家，著名广式糕点师。（上海社科院出版社2006年版）按：说肖良初为著名川帮大师，显非，前已有述。

上述这些名厨大师，因为列名入传而为今人所熟知，其实更早的一些名师，因时代风尘的湮没，今人不复知晓，在当时，多宣传于报章，不仅有功于食林，更是粤菜不应忘却的历史。

《申报》1942年6月3日有一篇署名熟客写的《漫谈十家粤菜馆》，说当时上海第一流的菜馆，几乎全部是粤菜馆，而其他地方菜的菜馆，甚至连华人所设立的西菜馆在内，无论在资本、设备、人事、菜式各方面都相差太远，所以若以第一流说法，粤菜几乎是"清一色"——"那清一色的份子是新雅、新华、京华、红棉、美华、金门、国际、荣华、南华，与最近行将开幕而已轰动全沪的新都饭店，却巧合成'十大家'"。然后特别介绍了京华粤菜馆的名师梁炳："京华最大的特点是厨子梁炳的好身手，四只热炒尤见'眼儿美、美在眉'。据说梁司务的'热炒'，倘有心人每天去吃他四只，可在一月中不炒'冷饭'，那真的'花样百出'，叹为观止了。"稍后有一篇蔚贤的《广东人的吃》（载《繁华报》1945年5月20日）也写到已跳槽康乐酒家的梁炳，并及于其他几家粤菜馆的名厨："惟粤人……对食品，不厌求详，力图考究，中菜之花样，亦独以粤菜为最多，而以此技饮誉厨坛者，大有人在。如康乐之梁炳，南华之冯培，新华之陆十二，荣华之陶亦祥等，固其中之佼佼者。"再后来，《大公晚报》1948年6月16日王钮的文章《朱门酒肉臭的上海：粤厨分新老二帮》则写了这些粤菜名厨成长之不易，及其身价之不菲：

　　上海的粤菜分为二帮，一是老广东帮，这是在上海多年的广东籍厨司，这帮厨司包括新华、红棉、康乐、京华、一家村、荣华。另一帮是新广东帮，是从广东请来的厨司，是新雅、新都之流。而前者这许多家，总管理是一个人，叫钟标。虽然股东是各归各的。

成一个厨司，不容易，粤厨从下手升为上手，要八年至十年的时间，而厨司也有科学管理，分炉头、冷盆、热炒、蒸、烤、汤各种专门人才，每一部分还分上手和下手，而生意的大小，看炉头的多少，像康乐炉头是六座，头二座是烧席菜的，三、四座是炒零菜，五、六座是炒面炒饭的。红棉有五座，新华有三座。粤帮厨司待遇，约三四千万元。

《快活林》1946 年第 16 期刊登了一篇署名新食客的文章《闲话粤菜：官厨风味硕果仅存，又一楼中明星熠熠》，这篇文章非常重要，因为"食在广州"的兴起，与广州官厨即北方来的官员所携带的私厨的影响有很大的关系；陈培先生的《北方风味在广州》（见《广州文史》第四十一辑《食在广州史话》，广东人民出版社 1991 年版）说早期广州赫赫有名的足资表征"食在广州"的贵联升、南阳堂、一品升等餐馆，都是那些并未随官迁转而落地生根的官厨开办或主理。所以，民国食品大王冼冠生的《广州菜点之研究》（载《食品界》1933 年第 2 期）特别指出广州菜所受外来影响，特别是受官厨（外来官员的私厨）的影响，并连篇列举，对于我们理解"食在广州"的形成，至今仍富有启迪：

广州是省政治省经济的纽枢，向来宦游于该地的人，大都携带本乡庖师以快口腹。然而做官非终身职，一旦罢官他去，他们的厨司便流落在广州开设菜馆，或当酒肆的庖手维持生计，所以今日的广州菜，有挂炉鸭、油鸡（南京式）、炸八块、鸡汤泡肚子（北平式），炒鸡片、炒虾仁（江苏式），辣子鸡川烩鱼（湖北式），干烧鲍鱼、叉烧云南腿（四川式），香糟鱼球、干菜蒸肉（绍兴式）。关于点心方面，又有扬州式的汤包烧卖，总之，集合各地的名菜，形成一种新的广菜。可见"吃"在广州，并非毫无根据。广州与佛山镇之饮食店，现尚有挂姑苏馆之名称，与四马路之广东消夜馆相同。官场酬应，吃是一种工具，各家厨手，无不勾心斗角，创造新异的菜点，以博主人欢心，汀州伊秉绶宴客的伊府大面，便是一例。李鸿章也很讲求食品的，国外都很有名，他在广州，第一人发明烧乳猪，李公集会汤，都在李府首次款客之后，才流传到整个社会。岑西林宴客，常备广西梧州产之蛤蚧蛇、海狗鱼、大山瑞等，近则此种风味，已吹至申江之广式酒家。

所以《闲话粤菜：官厨风味硕果仅存，又一楼中明星熠熠》先论官厨之重要，说"名厨子出身其中，且有厨官之名，因若辈见多识广，百味遍尝，堪称一时之全材也"。再叙其中的名厨冯唐：

冯幼年即入（两广总）督府（张鸣岐）厨房行走，历有年时，后来仅以及冠之年，居然上席会菜。改世后，又入广州贵联升酒家，所为各菜，多督府秘笈，遂驰誉一时。后各酒家乃竞相罗致，旋为沪上粤南酒家所聘。绅商大贾，入席试其热炒，顿觉有异，不久即名满歇浦，近年国际饭店孔雀厅厨事即由其主持。东亚又一楼为食客下海所创办者，如章蔀农吴权盛等，咸惯试其风味，即厚聘之。食客宾至如归，每月大宴会，冯必洗手入厨，亲自出马。

其实，冯唐虽于粤菜颇有助益，其作风也正得粤菜精华：

粤菜之精华，能荟萃供应天下之胃口，随地施宜，冯唐固老于斯道者。其以热炒驰名，即在于先获人心。尝见其会菜后，恒窥伺于食客帘间，食客举箸将盘中食尽，冯始欣然去；如食客对其所煮之菜，食胃不畅，宴后，必请于主人，询问

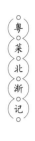

咸淡，及众客批评，而就其言夜袭以改善，虚怀若谷，不失厨人风度。顷闻又一楼中，座客常满，冯唐之吸引力也，官厨硕果，无怪其然，不可谓非沪上食客之口福。

如此相得益彰，使上海滩粤菜名厨人才辈出，名店长盛不衰。过去如此，今日亦然！

岭南珍味

风靡上海滩的广州信丰鸡

俗语谓"杀鸡安客",意即杀鸡待客,这是很有礼数了;孟浩然诗"丰年留客足鸡豚",鸡也是过年的主打菜。因此,吃鸡可以说在何种情形下都上得了档次,也可以说是中国饮食最重要的传统之一。但是,重中之重,还得看广东,尽管广东菜给人的印象是以海鲜为主,但鸡同样顿顿难离。民国年间,吴慧贞在上海《家》杂志《粤菜烹调法》专栏中谈到广东鸡时,竟认为"鸡肉营养价值之高,超过任何其他肉类,且其生殖繁而长大速,最宜作为日常滋养之品"。并列举了一系列优良鸡种:"粤省所产的十全竹丝鸡、佛山的贮丝鸡、防城的白肉鸡,以及文昌鸡、牛奶鸡等都是优越的品种,且以饲养得法,为所食者所称誉。"其实屈大均的《广东新语》早已从形而上的高度论证过广东之所以产好鸡了:"鸡为阳积",而"岭南阳明之地，乃鸡之宅"，故岭南不仅产好鸡，而且产神鸡、仙鸡；以鸡为卜，是岭南最为悠久的文化传统之一。祭天而食人，所以，鸡成为粤人最佳的上味。同时，鸡、吉谐音，无鸡不成筵，鸡也成为筵席上必不可少的佳肴，这进一步刺激了鸡馔的发展，至民国时期而蔚为大观，臻于极盛。广东人以鸡为上味，菜名都书"鸡"为"凤"，在上海粤菜馆亦复如是，而特以广州西关十七甫路"信丰栏"所蓄养售卖之"信丰鸡"为表征，外人不明就里，或许还以为是江西信丰县所产之鸡呢。

○ 信丰鸡是上海一流粤菜馆标配珍味 ○

秋容《食在广州？食在上海？》（载《大众》1942年第1期，第112页）中说："广东菜虽然占着中国各种菜的第一位，并且可以说是占着全世界烹调的第一位，只有一点美中不足的，就是缺少变化，除了排翅、山瑞（上海现在并没有山瑞运到，只有水鱼）、鲍脯、信丰鸡（现在上海也没有运到，只有浦东鸡），老是这一套。"信丰鸡似乎是山珍海味之外首屈一指的佳肴。

的确是，而且很早就是。我们知道，广东菜是随着国民革命军北伐进入上海的。也正是在此前后，粤菜馆在报章大做广告，几无不以信丰鸡招徕生意的。以《申报》的广告为例，如味雅酒楼 1926 年 5 月 14 日的广告："肥大信丰鸡项，精制太牢食品，改良各种面食，专办广东美酒。"广东安乐园酒家 1927 年 5 月 19 日的广告："本园特自广东佛山聘到名师，专制'烧''卤'各精良食品，味道佳妙，无以复加，助餐送礼，皆极适宜。每日上午十一时起下午一时止，随时均有应市。兹将各名目列下，以为醉心家乡风味者告：'柱侯食品、挂炉鸡鸭、正信丰鸡、白水熏蹄……'"燕华楼酒家 1929 年 2 月 1 日的广告，先特别标出"新到广东信丰鸡"，然后才说："擅于搜罗粤郡土产，巧制应时珍馐食品，其味道之精美，久已脍炙人口，闻最近又运到大帮广东信丰鸡，非常肥嫩；该楼特另辟一小屋豢养，如顾客食即临时提出生杀，故其味道的确香滑。"最后又再度突出其珍贵："如各界将以馈赠亲朋，作为年节礼品，可称为无上之珍物云。"大名鼎鼎的冠生园酒家，也同样以此招徕生意：

> 冠生园饮食部：知己小叙，腻友谈心，尝尝粤东风味，品香茗，进名点，吃信丰鸡，饮冰淇淋，斗室生凉，尘襟挹爽，南京路上，不易得此。名流淑媛，盍兴乎来！（《申报》1928 年 6 月 3 日）

> 南京路冠生园二楼饮食部，开办以来，因布置美化，座位雅洁，食品可口，以故座客常满，营业极佳。该部新近更从粤办到大山瑞、正信丰鸡及广西梧州海狗鱼等，俱为粤地著名特品，滋味丰饶。（《申报》1928 年 8 月 2 日）

○ 深受上海滩食客甚至老饕追捧 ○

　　食客甚至老饕食后也确实买账，并将感受披诸报端："新新酒楼制肴绝精，海上粤菜堪称上选，滑鸡翅、红烧鲍，其味鲜美，而信丰鸡其皮脆嫩且腻，更得同人赞叹不绝口。"（刘恨我《大嚼狂欢记》，载《申报》1926 年 12 月 30 日）像在粤商富绅为京剧四大名旦之一的程砚秋办的饯行宴上，仍大受欢迎，更显出信丰鸡风头之健：

　　　　粤绅陈炳谦家肴馔之佳，有名于时久矣。然凤号老饕之下走，得快朵颐，犹是破题儿第一遭也。且陈之设宴，系为名优程艳（砚）秋饯行，予特一陪客耳。是日同座数十人，强半皆绅商界有名之人物，予所识者，为劳敬修、路锡三、金仲荪、刘豁公、鲍康荣、潘子澄诸君，其余皆非所悉。程郎之来，与金、潘俱首向主人寒暄，次与予辈作循例之起居，而与一面目清癯之西装客谈话独多，意颇亲密。予初不知其为谁，询诸座客，始知为陈濂伯，广东某银行之行长也。此筵完全为香山式，盘碗之巨，异乎寻常。肴亦无多，而烹调绝佳，令人食之不容稍留余汁。是时予辈老饕，固以风卷残云之手段，恣意饮啖，即恂恂如好女儿之艳秋，亦克尽吃客之能事。席中有鸡一味，肥嫩可口，不类常鸡，盖取信丰鸡雏，以极佳之食料，畜诸江浔牧场者。又有"鸡绒翅针""鸡汁口磨泡肚""燕窝羹"三味，均以状如小锅之巨碗，盛置案上，滕以小碗十数，由主人次第盛以奉客。是为中筵，参用西法，或为香山宴客之故例，则非予所敢知矣。闻金君云，南洋烟草公司拟特置香烟一种，以程之名为名，已由豁公君征得程郎同意，即将从事制造，与梅兰芳香烟同时问世云。（老饕《陈门大嚼记》，载《申报》1926 年 10 月 22 日）

进而被食客视为珍稀异味：

二日今日霉雨，未能出游，纯哥欣然入室，以陈皮梅饷余，别有风味，神为之爽。又出鸡肫干剖而共食之，味更适口，余问何来此珍品？纯哥笑曰："试猜之。"余曰："莫非冠生园乎？"纯哥点首。三日晴，纯哥偕余游梵王渡公园，归经南京路，至三友社购自由布毛巾及新出卫生纸，久和厂购进步袜，香亚公司购化装品，复往冠生园购糖果，以佐明日杭游之消遣。登楼至饮食部，品茗用点，不觉日之已夕。纯哥曰："时晏矣，盍一尝广

州风味乎？"乃点菜数种，而以信丰鸡为最佳，他日当挈诸姊妹同尝此异味也。（畹香女士《蜜月中日记之一页》，载《申报》1928 年 6 月 29 日）

信丰鸡的声名煊赫之下，成为鸡肴标杆：

旅杭同乡聚餐会，适于其时举行。厨司为王君邈达家所用，完全故乡风味，为久客异地者所不易领略。予离乡近二十年，闻言不禁垂涎三尺；且不及一一往拜同乡，能于其时聚首一堂，又饱饶腹，何可不去！席凡三桌，同乡到者近三十人。菜为十碗，丰厚无伦。如予健胃，亦不待终席而不克举箸矣。白鸡一盘。鲜嫩倍胜信丰鸡。询之为钱君雄波家中所饲养，特宰以供客也。（张寄涯《湖上零话》，载《申报》1928 年 8 月 29 日）

在上海，终民国之世，信丰鸡都是"食在广州"的标配珍味。如上海四大百货之一的大新公司的五层楼酒家 1946 年 11 月 19 日在《申报》刊登的广告说："著名时鲜，岭南珍品：信丰鸡、汕头响螺、山瑞，新近运到，日夜供应。礼堂雄视海上，唯我独尊；喜庆宴会，请早预定。"地位且驾乎响螺、山瑞等著名海味山珍之上了！《新都》杂志 1943 年第 10 期张亦庵的《谈鸡》也有总结性陈辞："上海的第一流粤菜馆，多用信丰鸡供客。"

广州、上海，隔山隔海，要想吃到广州的信丰鸡不易，时人有观察说："信丰鸡每只在广州要卖到一元几角，运到上海来十只里要剔除死的两只，（大都是船上人包运）所以一只鸡要卖到二元多，馆子里都是对半利，卖价也就在五元上下了。"（刘硕甫《谈信丰鸡》，载《家庭》1937 年第 2 卷第 2 期）鲜鸡不易得，腊鸡也能安客心。如《申报》1926 年 1 月 20 日安乐园的广告说："东武昌路安乐园酒家附设之腊味部，刻以岁聿云暮，各界送礼纷忙，特乘时制备大批腊味应市，如各种腊肠、金银肫、开刀肉、酱油鸭等，以应社会年礼需求。并新由广东运到信丰鸡、海狗鱼、南安南雄腊鸭，均属粤中名产。"至年底，1926 年 12 月 6 日又在《申报》打广告说："腊味尚有十余种，要皆物美价廉，并有肥大腊信丰鸡发售，至为美味。"

○ "味道至美" 是受欢迎的关键 ○

信丰鸡为什么味道至美？张亦庵的《谈鸡》解说道："我国北方的鸡，听说价钱很便宜，战事发生以前，在津浦路所经的地方，可用十个铜元买得煮熟的鸡一整只，比之当时上海便宜十倍以上。"价钱便宜，是因为"味道并不怎样高明，坚韧粗糙，远不及江南"；江南以浦东鸡为尚，"然而比之信丰鸡依

然望尘莫及":

　　广东所产普通的鸡，也胜过上海的。这大概是因为地土关系。气候较热的地方，土壤中的虫类较为丰富，鸡得大量的虫类作食料，营养自然较为充足，味道也自然较为鲜美。加以广东这饮食讲究，对于鸡的饲养方法，当然也会讲究起来。闻说广东有"槽鸡"之法，其法将鸡禁闭于暗无天日的狭小异常的笼子里，使其没有可以回旋的余地，又受不着异性的诱惑，饲以充分的芝麻等富有脂肪性的食料。这样的清心寡欲，养尊处优生活下去，经过若干时日，这鸡便被"槽"得脑满肠肥，全身发福，不特肉嫩油多，连骨头也变得软了。（载《新都周刊》1943 年第 10 期）

　　由此，张亦庵说粤菜馆"以鸡为凤"，良有以也："粤菜馆中的菜谱，往往把鸡称作凤，如'凤足山瑞''凤入罗帏''龙凤大会'等，这大概也不是没有根据的。"

　　但是，张亦庵毕竟待在上海，耳见为虚，即有眼见，所见也是上海的粤菜馆及其船运过去的信丰鸡，因此不免顾名思义地把广州的信丰鸡当成了江西信丰县所产的鸡："以品质而论，说者谓江西信丰所产的鸡最为上品。"其实信丰鸡，压根儿就是广州土产，前面所引材料中也多有提及其为广州土产。但它

又何以被称为信丰鸡呢？刘硕甫先生有一篇专文《谈信丰鸡》（载《家庭》1937年第2卷第2期）给出了很好的回答：

> 吃广东菜的人，好像总要点一样信丰鸡，否则便不是吃客。信丰鸡，广东馆子，叫广鸡。其实叫广鸡是对的，因为有人误会到信丰是地名，如果是地名，那么是江西的信丰，那可差太远了。信丰两个字的来源，是因为广州有一处沿江街的地名叫做杉木栏，那里有一家几十年的老店，是专卖蔬菜杂货的，他家专门采办广鸡，店的牌号叫"信丰"。他家的鸡，喂养的考究，并且因为名驰远近的关系，四处都向他批销，如果吃鸡不是信丰的，便不名贵。他的喂养方法很特别，是把小鸡关在黑暗的地方，不叫它见亮光，如此养出的鸡骨格虽然瘦小，肉却特别细嫩，并且分外的香甜，这是老饕都分辨得出来的，绝不如别种鸡的肉，老而且木，只能煨汤可比。

所言甚是。其实早两年，曾旅居上海的广州籍记者戆叟也在一篇文章中谈到广州的信丰鸡，所述还更详尽更准确，也更生动：

> 信丰鸡，十七甫信丰米铺，素以售酒著名于

时，迨复以畜软骨鸡脍炙人口，于是在对门另辟
一小店沽鸡，又自蒸熟鸡在门市零售。始初在店
楼上仅设凳桌，布置简陋，以供不速之客惠顾饮
食。除蒸鸡外，尚常备有炖陈皮鸭小碗，大约一
鸭分为四小碗，味高价廉。又有清汤煮四川夔州
面，余无他物。欣赏者以其酒美肴佳，自朝至
夕，顾客麇集，非久候不获余座。(《珠江回忆
录》之六《饮食琐谈》，载《粤风》1935 年第 1
卷第 4 期)

报章中也常用广鸡代称信丰鸡——如非一物，上海的粤
菜馆，尤其是著名的粤菜馆，是不至于这么笨的，舍"信
丰"之大牌而不用；相信时人也多能明白。如著名的新亚大
酒店 1935 年 12 月 24 日在《申报》发布的圣诞广告说："圣诞
佳节，请即日到北四川路新亚大酒店吃特别分客中菜去，每
客五元计十五道……有鱼翅鲍片、挂鸭、广鸡、燕窝等等。"
曾在报章大做信丰鸡广告的安乐园酒家，有时也将信丰鸡写
成广鸡："本星期例菜：广鸡丝拉皮（八角）、鲜菱蟹羹（四
角）……"(《申报》1926 年 8 月 2 日)粤南酒楼的广告也是
如此："随意小酌：著名脆皮烧广鸡、广州明炉鸭……"(《申
报》1926 年 9 月 19 日)大约因为信丰行的广鸡闻名一时，慢
慢变成了广鸡的代名词，即便后来关张也不妨。

○ 当时烹制广鸡以烧和腊为主 ○

如今在广东生活，如果弄到一只好鸡，是不舍得用来做烧鸡或腊鸡的，一定是清蒸或白切，而从民国时期上海的信丰鸡广告看，却是以烧鸡、腊鸡为主。如此看来，刘硕甫《谈信丰鸡》的说法是属实的：

> 再说广鸡也只有几种吃法。烤：广东人叫做烧，是把鸡放在明火炉里烤熟的，有许多用油氽熟，冒充烤的，吃上口不脆，而且太油，是不行的；更要注意的是在烤的以前须要挂在风前把皮吹干，否则也不能脆，皮色也不好看。屈（熰）：广东人读做"物"，和英文的 Broil 意思差不多，这种烧法，愈加可以增加广鸡的鲜美。熏：广东人叫古劳广鸡，是用一种广东出产的古劳茶来蒸广鸡，味道很特别，不过一般人不大喜欢罢了。其他的烧法如锅烧，也是一种，可是不能显出广鸡的优点；那末炖汤不必说是更不成了；所以清蒸广鸡很少人吃。

广州信丰鸡既得大名，那消费者分辨清楚不当冤大头，生

产者养出又多又好的信丰鸡，专业人士追求进一步的推广和改良，都成了题中之义。在分辨上刘硕甫教了一招：

> 广鸡和上海的鸡（浦东鸡、崇明鸡）的分别就是头爪都小，骨头是软的。大家记着到广东馆子去要广鸡，先留神看盘子里是不是有头脚，有头脚的才是真广鸡。这也是他们的规例，因为要证明是真信丰鸡，所以切割好了以后，也要摆成一个鸡形（广东厨司的刀手是有名的），那末头和脚一看就晓得不是广鸡了。不过有一样，广菜里面的炖鸡脚，那却又非用别的肥大的鸡不可了。

专业人士的介绍则更有助于理解和分辨：

> 广州（鸡），即生产于广州市附近各乡村的鸡种，非是来自潮汕、两阳或其他等处。外貌色以黄黑混杂者为多，惟羽或浅黄色，雄者较深，而羽脚毳雪白者，为最佳种。脚色黄白，趾四只，与竹丝鸡五只不同，冠多数单冠，身材甚圆。性颇活泼，一雄可配十数雌，如温暖地方，放饲或槽饲均宜，故人多喜畜。春秋气候温和，且多昆虫，若行放饲，生长既速，产卵亦丰，惟夏热冬寒，于此时期产卵减少，成长亦稍慢，若

管理得法，可于夏冬间多得鸡卵，及行肥育——即槽肥，在秋末冬初行之最宜。成长时期，自孵化成雏后，约经五六个月，便可成为中大的鸡，雄者体重约二斤至三斤，如经过肥育时期，可重至四五斤，雌者则较轻一斤余。肉的油滑，味的甘香，非其他鸡所能比美。用途位于肉用种，及卵用种之间，自成为兼用种，而与外国有名的鸡种，路爱兰列，或米诺加种相似，盖其产卵每年约一百只至百余只，卵产量适中。有些特质，故可以发行成为良好卵用种，或良好肉用种。（叶汉予《广州鸡之改良法》，载《新建设》半月刊1930年第12期）

专业的《农事月刊》也有专门文章加以介绍：

养鸡莫如养广州鸡。什么叫做广州鸡呢？莫非是养在广州的本地鸡吗？不是的，那个真的广州鸡，应该有了下列特点：

上冠单而直，以中大者为佳；下冠中大而圆；耳垂之色红；嘴色黄，间或杂以黑纹，短而壮者为佳；头阔而扁，短而不凹；眼赤楬色而光明；颈短而厚，妥配于身；背平而方，近肩处宜阔；两旁须深；胸阔而深，前申而圆；翼密折于身侧；

体肥厚而密实；尾短而相距阔；足胫中大而壮健，羽作橙黄色；足指应直而同色；羽毛浅黄色（雄则较深），脚之羽作白色，翼与尾时有黑羽；重量，雌鸡约斤半至二斤余，雄鸡约二斤至三四斤；形态，须与全身相称。

以上所说的鸡，系真正广州鸡。我们的大学，和广州农林试验场，已经试养过这种鸡，两处都得极好成绩。广州鸡又有三好特点：

一、其肉滑而味甘，人多好之；

二、其体积不大亦不细；

三、位于肉、蛋二种鸡之间，故可供食用或产卵用。

有了以上三个要素，而且他们的生长也算快，所以很容易赚钱咯。我们望这间农科大学，能够供给同胞们真正的广州鸡种，咁就可以大家发财起来了。（容秉衡《广州鸡之特点》，载《农事月刊》1922 年第 1 卷第 4 期）

由于广州鸡的声名远播，近的直接运过去吃，远的则引种过去养：

广州鸡种，因华侨带往外国关系，现南洋、檀香山、加拿大、菲律宾等处多有饲养，在各处饲养的广州鸡,尤于菲律宾为最欢迎,且极注重,当一千九百一十六年,广州鸡种输入该处后,各农科大学和各农事试验场,均从事研究改良,现该处经改良的广州鸡,卵量,每年能产二百六十余只,肉用,生长时期短促,体量较重,饲养日形发达。(叶汉予《广州鸡之改良法》,载《新建设》半月刊 1930 年第 12 期)

真是猗欤盛哉——广东信丰鸡!

粤海通津

民国天津的粤菜馆

  包括八大菜系在内的所有各派各系的向外传播及其得名，都与通商口岸的开辟有相当大的关系，粤菜则相对突出。天津虽因与北京近在咫尺，避过了进入第一批被迫开放之列，但旋在 1860 年第二次鸦片战争后被迫开放。早期开埠的各通商口岸，买办基本仰赖粤人，粤商也相对活跃，粤菜则顺势进入；上海、南京如此，天津亦然。

  其实早在天津开埠之前，广东人至迟于清康熙年间已进入天津从事商业活动，广东的《澄海县志》即称："邑自展复以来，海不扬波，富商巨贾操奇赢兴贩他省，上溯津门。"（李书吉修、蔡继绅纂《澄海县志》卷八，清嘉庆二十年刊本）自1927 年至 1957 年担任广东会馆董事长 30 年、深谙天津粤商历史的杨仲绰也说：

康熙年间，封建势力已经巩固下来，进一步搜求南方新奇产品。当时海盗已渐敛迹，为了避免陆路运输的困难，乃极力提倡海运，以天津为聚点，并以减低捐税相号召。广东人本富冒险勇敢精神，遂首先响应起来。集结广州、潮州及福建货商，称为"粤闽潮帮"。用大海船三艘，组成商船队，每船载重约二百吨，商船的前后装有土炮，并携带弓箭刀矛等武器，以御海寇。船头油红色，绘有大眼鸡为记号，当时称为"大眼鸡船"，又称"红头船"。在春初贸易季风北吹时，浩浩荡荡，沿福建、浙江、江苏、山东转渤海大沽口，入海河抵天津，停泊在针市街后的三叉河一带（约为现在北大关以上河沿），行程约四十至六十天，必定在农历惊蛰节后到达。针市街一带，是天津当时的贸易中心，原无定名，广货北来，以手工业品，如缝衣针等需要量最大，因名"针市街"，亦即后来广帮的发祥地。（杨仲绰《天津"广帮"略记》，见《天津文史资料选辑》第 27 辑，天津人民出版社 1984 年版，第 44—45 页）

又据天津本土的文献资料记载："溯当前清初季，海禁大开，闽粤两省商人来津贸易者日众，其时均乘红头船，遵海北来，春至冬返。"并集资在天津城北的针市街共建闽粤会馆。

（《天津商会档案汇编》，天津人民出版社 1994 年版，第 2 册，第 2100 页）据刊刻于 1884 年的张焘的《津门杂记》："系该省官商捐造，馆内专祀天后圣母，无僧道住持，俗呼洋蛮会馆。"可见其所输入多洋广货物。同时，还另有"岭南栈、潮帮公所，均在针市街"。粤地官商捐建广仁堂，抚养孤贫妇女、流落儿童，直隶总督李鸿章还于光绪八年（1882）四月专表上奏请功："奏为津郡创设广仁堂，收恤妇孺，分别教养，已著成效。恭折仰祈圣鉴事：窃天津河间等属，地瘠民贫，迭遭灾歉……前于光绪四年旱灾后，据南省劝赈绅士前署陕西藩司王承基、候选道郑官应、主事经元善等集捐洋钱一万元……一面再劝捐资……前于西门外太平庄卜地建堂，其盖屋二百八十余间……"（张焘《津门杂记》，文海出版社 1970 年版，分见卷上第 35—36 页、卷中第 127—133 页"广仁堂"条）

　　这种贸易也是从经济是拱卫朝廷的需要出发的，为此专门批准了天津地方政府施行的一系列对闽粤商人的优惠宽税政策，而且每当闽粤商船抵津时，知县官服率属，鸣鞭炮、奏鼓乐，到海河沿岸举行隆重的欢迎仪式，这都是其他商人所没有的待遇。而对于粤商而言，这也实在是一桩赚钱的买卖，如彭泽益先生说："去天津的贸易最为获利，载货船只也是最大的。"（彭泽益《广州洋货十三行》，广东人民出版社 2020 年版，第 26 页）特别是太平天国起义期间，陆路运输受阻，海运盛极一时，至咸丰年间，广帮在津人数已达 5 000 余人，但真正商民大盛，还得到开埠以后，所以到光绪年间，聚集于天

津的广帮的大小商号达 200 家 1 万人以上。而政商往往一体。天津的粤商之兴还伴有粤官之兴，特别是自 1872 年起中国先后选派四批共计 120 人的留美幼童，其中 84 名广东籍幼童归国后，大部分聚集在北洋重心，又为京都门户的天津。但如蔡廷干自跋《同学录》说，初不待见，后则骤显：

> 光绪初年，由美返国，士大夫识见未开，对吾不无轻视，甚且出于疑忌。独李文忠、刘芗林、周玉山公二、三有识者，稍加颜色。迨其后张文襄、袁项城、端午师诸先达，荐拔吾侪，不遗余力，视李文忠公有加。以故近教十年间，吾同学之登仕版，文武两途，类多显要。

并且他们又互相援引粤人之擅外语、通洋务者，以为佐助，成为清末民初的"洋务官僚"体系最重要的部分。特别是唐绍仪作为袁世凯的亲信，曾任奉天巡抚、津海关道，辛亥革命时为南北议和大臣，占地 23 亩的天津广东会馆即由其与梁炎卿等人于 1903 年倡议，1907 年落成，可以想见其政商关系。再如顺德梁敦彦，为张之洞所器重，曾任直隶藩台；新安人（今属深圳）周寿臣，曾任天津招商局总办；顺德曹家祥，受袁世凯赏识，曾任天津巡警道兼局长，是"北洋警政"创始人；香山人蔡述堂，袁世凯心腹，历任洋务总办、津海关道……此外，随着天津开埠，买办尽属粤人，以及开平矿务局和天津至

唐山、唐山至山海关铁路建设所需要的技工技师大部分来自广州、香港两地，更是为天津广帮商业锦上添花，经营行业可谓应有尽有，臻于极盛。（杨仲绰《天津"广帮"略记》，见《天津文史资料选辑》第27辑，天津人民出版社1984年版，第50—51页）

　　天津开埠之后，粤人多聚居于租界内紫竹林一带："自通商后，紫竹林则添设轮船客栈十余家，粤人开者居多。房室宽大整洁，两餐俱备，字号则有大昌、同昌、中和、永和、春元、佛照楼等。每有轮船到埠，各栈友纷纷登舟接客，照应行李，引领到栈，并包揽雇马车、写船票及货物报税等事。"又"租界"条曰："自紫竹林前至东北沿河一带为法国租界，房舍尚未盖齐。紫竹林南自招商局码头以下地名杏花村处为美国租界，居中之地为英国租界。"（第260—261页）连粤妓也不随大流聚集于北门外侯家后一带，而别居于此："粤妓寄居紫竹林者，衣饰簪珥，迥异北地胭脂。俗称曰广东娼或伴洋人，或接广客，就中亦绝少出色者。"（分见《津门杂记》卷下"客栈"条、卷中"妓馆"条，文海出版社1970年版，第297、209页）

　　从《津门杂记》看，早期的粤菜馆可能是客栈餐馆合一。而光绪二十四年（1898）刊印的署名羊城旧客的《津门纪略》，则载录当时54户天津饭庄、饭馆和著名食物店的具体名录，包括2户广东馆广怡安与广兴昌，均在紫竹林租界。（张守谦校点、羊城旧客撰《津门纪略》，卷十一《货殖·食

品门·饭馆》，天津古籍出版社 1986 年版，第 91 页）这也是目前所能确认的天津最早的粤菜馆。1906 年，诞生了一家由杂货店兼营的粤菜馆广隆泰："本号自运洋广杂货、罐头火食、吕宋雪茄、各国烟卷、洋磁铁器、家具，南北酒席点心、包饺饼食、烧味腊味，一概俱全，志在招徕，价廉物美。"（《广隆泰告白》，载《大公报》天津版 1906 年 4 月 13 日第 1 版）并于 1907 年 4 月，进一步发展成为大饭庄——广隆泰中西饭庄——在京津一带，规模档次最高的就是大饭庄，其在《大公报》发布广告称："新添英法大菜，特由上海聘来广东头等精艺番厨，菜式与别不同。"（《广隆泰中西饭庄》，载《大公报》天津版 1907 年 4 月 7 日第 1 版）稍后宣统三年（1911）石小川编《天津指南》所载的 28 户饭馆中，则在南市出现了另外 3 家广东餐馆——岭南楼（南市）、余香楼（南市）与津华馆（南市广兴大街）。（转引自刘建章、高碧仁《清末民初天津饮食业字号名录》，见《天津文史资料选辑》第 93 辑，天津人民出版社 2002 年 3 月版，第 88 页）可以显见天津粤菜馆的发展。

1917 年"北安利"的广告称在法租界"开设有年"，这更是如假包换的著名粤菜馆了（天津《益世报》1917 年 11 月 11 日第 8 版）。此后数十年间，北安利都是赫赫有名的。1934 年，北平晚报特派记者到访天津，发回系列报道，《旅津三日：沽上风光杂写》（八）专门谈吃，副标题即为《江南饭馆不如北平 北安利广东菜有特殊风味》，分明高看广东菜一眼，并说"为北平之广东馆所不及"。(《北平晚报》1934 年 6 月 13 日第 3 版)嗣后则有北安利扩张情况的报道:"本市法租界四号路明华银行自停业后,其贴邻'北安利'粤菜馆,乃伸张其范围,而辟该行之一部,为该菜馆之雅座。"(《市街小记》,载《大公报》天津版 1935 年 11 月 3 日第 15 版)

北安利的扩张,也表明粤菜的更受欢迎,所以旋见另一著名粤菜馆大三元的开业预告及开业公告:

> 本市广东菜馆,近年以北安利最为著名,营业亦最发展。其次如宴宾楼等,则皆规模狭小,远不能及。最近有粤中名厨,于法租界国泰戏院傍,原鼎和居旧址,开设广州大三元酒家,一应设备,均颇宏丽,足与北安利颉颃,目下筹备一切,已将就绪,于下月二日开幕。(《大三元酒家不久即将正式开幕——津市又多一粤菜馆》,载《大公报》天津版 1936 年 5 月 31 日第 13 版)
>
> 法租界马家口新开之粤菜馆大三元酒家,定于今日正式开幕。昨晚特请本市各界名流,作尝鲜大会,闻楼上下,设十余席,肴核颇为精美,足为北安利之劲敌。又闻其东家林姓,与亦乐园东家之林某为昆季,可谓难兄难弟矣。(《大三元酒家今日正式开幕》,载《大公报》天津版 1936 年 6 月 2 日第 13 版)

这里同时也带出另两家知名粤菜馆——"宴宾楼"和"亦乐园"。而终民国之世，无论广州、上海还是天津、贵阳，抑或重庆、昆明，凡称"大三元"者，皆当地粤菜馆翘楚之一，可见当年虽无知识产权之说，共名现象普遍，但也不是随便共的，即便"盗取"冠名权，然"盗亦有道"，不敢滥盗滥用！

而从稍后的报道中，我们知道大三元老板林文卿乃是亦乐园的厨师出身，如此则可推想亦乐园的地位："启者：顷据本市法租界二十六号路广州大三元酒家号东林文卿称，向在本市各粤菜馆担任正厨师历有年所，兹脱离亦乐园独资开设大三元，并无其他股东，仍自任厨师，以饷顾客，恐客未周知，祈代登报声明等语。"（《律师王庭兰芳代大三元酒家东号林文卿启事》，载《大公报》天津版 1936 年 6 月 19 日第 1 版）

其实亦乐园开业也不是很久，而其老板则是从北安利出来的，更证明北安利的龙头老大地位：

> 津市法租界天祥市场后门泰隆里，新开一粤菜馆，名"亦乐园"，与法租界二十四号之"小乐园"，同为粤中名庖李君所开，李曾在北安利任事，二年前自设"小乐园"，生涯极盛，现又兼营"亦乐园"，仍以价廉物美为主，菜价大都为一角，或一角五分，最多不过三角，粤菜中之"春不老"等名肴，皆所擅胜，定于今日正式开张，必更有可观云。（《亦乐园：津市又一粤菜馆定今日正式开张》，

载《大公报》天津版 1935 年 5 月 9 日第 16 版）

　　而从这里，又带出另一家粤菜馆"小乐园"；天津粤菜馆如此藤蔓牵瓜，颇喜其多也！再从一则剧场消息里，我们也可发现一家不错的粤菜馆："近又有致和祥广东菜馆经理李致和，特租铁道东新市场文明茶园旧址，组织明珠电影院，业于昨晚开幕，生意颇不恶。"（《剧场》，载《大公报》天津版 1933 年 7 月 28 日第 6 版）能有余力开电影院，显见其粤菜馆生意兴隆。

　　晚清民国粤菜馆向京沪拓展，往往西餐先行，我已在《西餐先行：老北京的粤菜馆》里具道其详。其实天津也是这样。所以王受生《天津食谱：关于天津吃的种种》（五十三）（载《大公报》天津版 1935 年 2 月 24 日）说到天津的西餐馆，如中原酒楼、紫竹林、北安利、新旅社西菜部、宴宾楼、冷香室、奇香食堂等，都是中西餐俱备，或以西餐为副业、以中餐为主业的。并说除紫竹林、新旅社、冷香室外，全是粤菜馆。而紫竹林等不过效法"广东派"而已，"因为各地'广东派'饭馆都是中西兼备"。这一下，又"多出"几间粤菜馆。

　　当时的报章，也报道了这些粤菜馆的部分出品，以飨读者。王受生《天津食谱：关于吃的种种》（三十二）（载《大公报》天津版 1935 年 2 月 21 日第 15 版）先介绍说法租界绿牌电车道的"宴宾楼"脱不了小规模的消夜馆气息，以卖点心为主，正式宴会，或多人进餐，很少光顾他家的。至于以廉价号召的奇香食堂更是等而下之，完全为消夜馆。但具体说起粤菜馆或"广东派"的菜肴，评价则很高：

> 风味自然特殊，而且种类极繁，各式各样，无论荤素菜肴，谈到量的问题，远非其他各派所可比拟。至于所制的菜肴风味，却也清醇浓厚，兼而有之。广东各地各有特长，所谓"广东派"，仅是师法广州，因为广州在广东是省会，一切菜肴，较比各地讲究，且能采取各地的特长复加以研究，并且还能蹈袭西菜制法。各地所称广东馆，不啻就是广州馆呢。

不过隔日王受生再刊《天津食谱：关于吃的种种》（三十三）（载《大公报》天津版 1935 年 2 月 22 日第 15 版本市附刊），说到广州的点心，尤其是"鱼生粥鸭粥等类，在广州都是沿街喝卖的小贩专卖这种粥，如北方的馄饨担之类，不过也有专卖粥的小馆"，显属耳食之言。又说："饭馆内附卖鱼生粥最初是创自上海，以后，凡是广州馆都兼卖粥了。"这完全是主次颠倒。至于说"在上海的广东馆，不但卖广东菜还卖简单的西菜，中西合璧的饭馆，也是先由上海广东馆创行，因此，我们再细一考察天津的广东馆，也无一不卖西菜，这可证明完全是上海式的广东馆，当然不能保持完全的广东风味了"，倒是有一定的道理。

1937 年，《铁报》有一篇文章说因为北京经济不景气，好一点的广东馆子都迁到了天津，所以天津的粤菜馆比北京多而且好。好的原因还有另一个，就是天津近海，但海鲜却做得不好，这就让擅长海鲜的粤菜馆占了大便宜，并历数道："北安利的菜，久为人欢迎，他那里是广帮手艺。还有许多宵夜馆，使人称道，能够长期支持着的，也都为粤人所经营。万松记是其中老大哥，吃饭讲中西合璧，叉烧肉炒饭，和牛尾汤、通心粉并进，是他开了天津饭馆的新纪元；这是三十年前的事。"最后说到粤菜馆的异味，颇有点狗尾续貂之感："天津的吃既以广州风味为上，因此而所有粤菜里特别的吃，近年都在天津上市。这个鞭那个鞭之类，都成盛馔。蛇羹龙虎斗，虽不能常常见到，却以蟒肉为主菜，现在已风行一时，为爱尝异味者竞嗜。"（觉《新食谱——蟒肉：广东异味盛行于天津》，载《铁报》1937 年 6 月 16 日第 4 版）不过这里道出了两个重要的事实：一是粤菜向外发展的消夜与西餐或曰番菜结伴先行，这点我反复论证过，上海尤为典型（详参拙著《海派粤菜与海外粤菜》，广东人民出版社 2020 年版）；二是万松记可能是粤菜馆在天津单设开业的真正的老大哥。

此外，孙立民、俞志厚在《天津法租界概况》中描述法租界的餐饮消费盛况时，提到"南味店有森记、明记、林记三个稻香村及冠生园、晋阳春、广隆泰等"；南味店范围较广，我们能确认为粤菜馆的大概只有冠生园及广隆泰两家吧。（见《天津文史资料选辑》第 22 辑，天津人民出版社 1983 年 1 月版，第 173 页）

天津餐馆业起初以估衣街侯家后为中心，但南市租界起来后，则群集于此。除了上述广隆泰等之外，时人还提到另一家"贵族化"广东餐馆广太隆："……英法租界四川馆美丽、菜羹香，河南馆厚德福、东海居，广东馆广太隆……"（《旧腊中之津市民生》之五《吃的社会阶级》，载《大公报》天津版1931年2月10日第5版）1934年的《天津市概要》里，载录了47家菜馆，其中3家为粤菜馆，也都在法租界："广东馆3户：北安利（法租界马家口）、南园（法租界菜市）、金菊园（法租界）。"（转引自刘建章、高碧仁《清末民初天津饮食业字号名录》，见《天津文史资料选辑》第93辑，天津人民出版社2002年3月版，第95页）

综上所述，晚清以降，迄抗战之前，天津的粤菜馆，"名见经传"的，据目前所见文献，大约就广怡安、广兴昌、岭南楼、余香楼、津华馆、广隆泰、广太隆、北安利、大三元、亦乐园、宴宾楼、小乐园、奇香、万松记、冠生园、南园、金菊园、致和祥等18家吧，与杨仲绰的回忆中有"荔香园、茗园、岭南楼、北安利等十余家"并烧腊店"广昌隆、广兴隆、广隆"3家，大体相符。（杨仲绰《天津"广帮"略记》，见《天津文史资料选辑》第27辑，天津人民出版社1984年版，第51页）当然从文献的字里行间，分明还有很多；可以说天津人对得起粤菜，粤菜也对得起天津人。

抗战全面爆发后，天津沦陷，天津这些粤菜馆可能还在，虽然文献记录减少了，但名声自溢于外。比如有人到日本横滨

的南京街吃了广东菜，就说跟天津的北安利、北京的小小酒家有得一比：

> "海胜楼"是广东的菜馆，他们不仅卖五加皮酒，而且广东仅有的米酒，他们也有充分的预备，叉烧，和烤肉都很不错，这和天津的北安利，北京的小小酒家，有什么异样呢。（《南京街中国料理调味绝佳》，载《妇女新都会》1940年12月18日第1版）

一些新的粤菜馆也诞生了。如老牌舞星高九妹在英租界狄更生道35号创办的丽娜饭店，主打"精制粤菜、宴会预订"，又自诩"一九四一年中西小吃大王"。（《丽娜饭店广告》，载《新天津画报》1941年9月4日第5版）法租界二十五号也出现了一家路玉波楼粤菜馆："其中美馔，首推酱油鸡，肥嫩清腴，为夏令下酒之佳品，厨司李姓，曾在北安利工作，此品为其拿手杰作云。"再如大陆粤菜馆也很时行："（端）午节食品，广东粽子颇佳，各式具备，制法以法租界菜市大陆号为最佳，足当物美价廉四字，老饕不妨一试。"（作者风闻，载《新天津画报》1942年6月20日第2版）

战后著名之粤菜馆，目前也搜得万寿厅一家，其在《大公报》天津版的头版有经年累月的广告和报道，且多置于第1版，兹撷取几则聊为代表：

万寿厅：粤菜之权威！第一流大餐厅！——由广东名厨烹调各种菜式并备精美西点，特制牛扒，优良饮品。（1945 年 12 月 2 日第 1 版）

万寿厅：独霸津市，正宗粤菜。著名点心：酥皮、蛋挞、咖喱鸡角。（1946 年 3 月 17 日第 1 版）

粤菜专家万寿厅纪念开幕二周年，酬谢主顾大减价。粤菜边炉，广州风味。地址：绿牌电车道。（1947 年 10 月 6 日第 1 版）

而粤菜馆数量如此之少，或许是因为紧接着的内战，让人无暇记录吧。

政海商潮

"食在广州"的南京往事

　　民国以前，跨区域饮食市场非常薄弱，南京虽然是长江下游重要的沿江商业城市，但直到国民党政权定都之前，据当时的媒体报道，且不说外帮菜，整个饮食业都乏善可陈。如《大公报》文章说："南京向不以菜馆著名，城内惟夫子庙一带，尚有菜馆数家，临河卖菜，但规模俱小，菜亦不佳。"而因定都带来新气象的，却是外江菜，而以粤菜为其首："最近因国都奠定，始有二三新菜馆发生，其最著者，为粤菜之安乐酒店、川菜之蜀峡饭庄，菜价皆极贵，安乐尤贵，每席至少二十元以上，但座客常满，业此者大获厚利。"(《首都生活各面观》，载天津《大公报》1928年9月3日第3版)很官方的《市政评论》也说是粤菜领衔："自从民国十六年奠都南京起，南京城里的吃食馆，如雨后春笋，大大的增多了，最初盛行粤菜，由粤南公司而安乐酒店的前期粤菜，而世界饭店的开幕时期，而广州酒家，广东酒家……"（芸《南京的吃》，载《市政评论》1936 年第 4 卷第 2 期）

如此，民国时期南京饮食业的繁荣与跨区域饮食市场的兴起，与政治变迁有莫大关系了，特别是粤菜馆的兴起，更与此一政权始自广州、中多粤人大有关系——政海涌商潮，其斯之谓欤！再试举一例。邵元冲在 1934 年 11 月 28 日记中说："（晚）七时应黄季宽约，食蛇羹，系由粤中制蛇名庖所作，中枢要人均来，计客三席，食蛇百三十条，以其胆汁和酒，谓可明目。"（《邵元冲日记：1924—1936》，上海人民出版社 1990 年版，第 1183 页）政海商潮之粤味，于斯可见！

○ 国民党政权定都前的粤菜馆 ○

自打明清以来，广州长期一口通商，江南货物"走广"南下，洋广货物北上行销，在全国商业版图中，广东商人可谓最为活跃的一支；南京的粤菜馆，在国民党政权定都南京以前，因应商业的需要，其实也早已有之。目前所能考见最早的粤菜馆，当属粤华餐馆。1921 年 2 月 27 日，顾颉刚抵达南京，入住金台旅社，即"到粤华吃西餐"。（《顾颉刚日记》，台北联经出版公司2007年版，第101页）这"粤华"顾名思义是粤人经营的餐馆，事实上也是。早先在上海曾有一家广东人主理的粤华楼："本楼设在上洋四马路五百十八号，即三台阁旧址，定于四月初三日开市……特雇粤省上等名厨，专制英法大菜、奇巧点心，凡于卫生食品无不精益求精。"（《粤华楼开市广告》，载《申报》1911年4月29日第1版）到1925年3月26日，包天笑还与朋友饮宴于此："与伯鸿餐于粤华楼，在座有陕人杨，与中华接洽印刷者也。"（《钏影楼日记：1925年2—3月》，载《现代中文学刊》2020年第2期）只是未审与此南京粤华楼有何关系。而在另一则关于如何处置广东别馆（会馆）的启事中，我们可以确切知道南京这间粤华楼不仅属于粤人，而且早已开业，因其是启事联署者之一："广生行、普太和、广德隆、合昌源、五九公司、粤华楼、南京冰室、民生米厂、广福昌、南洋兄弟烟草公司、同泰号。"（《广东旅宁商帮启事》，载《申报》1919年8月15日第1版）这十一家商行，应该是当时广帮在南京广帮商行中比较有地位和影响的商行。从中我们还知道别有一家南京冰室也属于粤人——民国粤人主理的冰室，往往兼营餐饮，至今香港仍然如此，广州也有复兴之势。

这里还需要特别指出的是，像顾颉刚明确说到去粤华是吃西餐，却不能说粤华只是间西餐馆而非粤菜馆，因为早期向外发展的粤菜馆，多追求时尚，以兼营西餐或番菜为招徕手段，我在《西餐先行：老北京的粤菜馆》（载《同舟共进》2021年

第 1 期）及《西餐的广州渊源与食在广州的传播》（见《广州历史研究》第一辑，广东人民出版社 2022 年版）中已言之甚详，此处不赘。事实上，稍后陆衣言的《最新南京游览指南》在介绍南京菜馆时说："菜馆有本地馆、京馆、苏州馆、扬州馆、广东馆、山东馆……有许多菜馆，兼办西菜。"（中华书局1926 年版，第 115—116 页）则风尚所及，不独粤菜馆兼营西餐了。该《指南》所介绍的下关三马路粤华馆，当即顾颉刚先生所食之"粤华"。此外，所介绍的城内的奇斋消夜馆，也当是粤人所办。在那个年代，无论何处，几乎所有消夜馆均系粤人所开。到 1932 年，陈日章编、上海禹域社出版的《京镇苏锡游览指南》，细数南京茶楼菜馆，下关二马路的粤华楼仍然在列，也当即此"粤华"。

○ 定都南京与粤菜馆的勃兴 ○

且别说南京，即便早已有声有势的上海粤菜馆，都随着国民革命军的北伐而掀起新一轮热潮，那南京粤菜馆的因定都而勃兴，直至迁都重庆而暂告销歇，其间实在是大有可道之处。

最值得一道的，非安乐酒店莫属。始建于 1928 年的安乐酒店即今江苏饭店，回首已是百年身了。但江苏饭店的官网上说其最初乃桂系元老马晓军与部属李宗仁、白崇禧、黄旭初等合建，马晓军为首任董事长，店名则由国民党元老于右任题写，不知何本；位高权重、戎马倥偬之际谁能为此？诚为此，能不为世所讥？细想颇不合常理——连长期任职行政院的广西籍行政中枢人物陈克文在日记中都从未提及，其他文献材料更是无可征考。而主粤人建设经营的文献，倒是轻易可征，且为时甚早。如《北平晨报》1931 年 12 月 30 日的《首都食色小志》说南京的菜馆业："中菜方面，初亦以中央饭店为巨擘，内分京菜（北平）粤菜两部，能容三四十桌之客，大宴会非彼不可，故营业颇佳……至安乐、世界两家，均系粤人所设，以兼答营业（按：原文如此），故规模甚大。安乐近方费资二十万，建筑五层大厦，占地可十亩，有房三四百间，年内可望落成，其中菜部新设经济菜，不论鱼翅青菜，每盆均只售大洋二角，个人果腹，最为便利，故生涯大盛。其餐桌筵席，有贵至百元以上者。"

当然，报道对南京菜馆业所排的"座次"，不过一家之言，只是"以粽子大王号召之世界大饭店，为首都最大之粤菜馆，乃于本月之宣告清理，关门大吉……"（记者百闻，《晶报》1931 年 7 月 9 日第 2 版）因为号称过粤菜馆最大，这里不妨考证几笔。据《申报》1929 年 8 月 3 日第 3 版《首都世界大饭店建筑招标通告》，该饭店的筹建始于此际，目标是"在首都太平街拟建筑西式饭店一大座"，建成开业则在一年之后："本店费无数之精神，筹备年余，始克成立。其规范之宏大，设备之精良，概可想见。兹定于十月三十日开幕，尚希各界惠然肯来，藉尝味美价廉之粤筵风味，不胜厚幸。"（《南京世界大饭店酒楼部开幕宣言》，载《申报》1930 年 10 月 28 日第 16 版）如此，则是板上钉钉的粤菜馆了。开业后也确实一时门庭若市。如朱家骅执掌中央大学，推行教授治校，1930 年 11 月 25 日宴请全校教职员，即设席于此。（《中大将由教授治校》，载《申报》1930 年 12 月 2 日第 10 版）再如 1931 年国民大会期间，邵力子、陈布雷、钮永建、陈其采、周伯年、顾树森、朱家骅、张道藩等于 7 月 4 日公宴南京、上海、江苏等地代表，也设席于此。（《国府定今晚欢宴》，载《申报》1931 年 7 月 9 日第 7 版）邵元冲更曾多次在世界饭店宴饮：

1930 年 11 月 17 日：午间应王漱芳、刘恺钟在世界饭店招宴。

1930 年 12 月 16 日：晚应罗卿会在世界饭店招宴，同席有王景岐诸君。

1931 年 1 月 31 日：晚在世界饭店宴何雪竹、陈辞修（诚）、向育仁、陈鸣谦、邱文伯、熊滨、陈炳光、王太蕤诸君。

1931 年 2 月 27 日：晚在世界饭店招宴于右任、陈伯严（年）、于范亭、杨谱笙、许公武、冒鹤亭父子等。（《邵元冲日记：1924—1936》，上海人民出版社 1990 年版，第 674、683、697、705 页）

而世界饭店不知何故不久即宣告清盘，也是事实，因为我们可以查到当时的律师声明："兹据大世界大饭店委称：本店现经股东会议决，自七月一日起停止营业，清理招盘……"（《刘伯昌律师代表南京世界大饭店声明清理招盘启事》，载《申报》1931年7月9日第7版）殊为可惜！

回头再说安乐酒店。由于政治的原因，连非粤系的首屈一指的中央饭店都开设粤菜部以应所需，作为专门粤菜馆的安乐酒店（当然还有旅业），食客自然是趋之若鹜了，而奔趋最勤的人之一，或非邵元冲莫属；邵氏长年勤于日记，所记饮食之事固不少，但也不算多，而安乐酒店开业之后一段，却所记独多。邵氏是早期同盟会员，曾任孙中山大元帅府机要秘书代秘书长，后来还作为机要秘书成为孙中山遗嘱见证人，累官至立法院代理院长。长期在江南与岭南间行走，与妻子张默君均喜粤菜，尤嗜乳鸽、蛇羹，以至枕边犹嘴哑哑，如1924年11月2日广州日记云："午间偕华及叔同至陆羽居午餐兼啖蛇脍。"11月3日又记："五时顷同至协之寓，应湘芹、协之蛇脍之约。闻剖蛇十五浸酒，蛇胆亦色碧，味清苦而醇美，华颇甘之。八时后散，偕至中央委员会，以人数不足流会，遂偕华归，共浴，枕上且娓娓颂蛇味不止云。"所以，在南京时便多觅粤菜馆，当然首选安乐酒店：

1929年1月7日：应陈雄甫（肇英）之招，至安乐酒店晚餐，同席有李任潮及立法院同人

二十余人。

1929年1月11日：六时顷应马寅初、刘大钧安乐酒店晚餐之约。

1929年1月22日：晚至安乐酒店应叔同晚餐之招，同席为潘宜之、何雪竹、张华辅、毛炳文、雷葆康等。

1929年1月23日：晚在安乐酒店宴潘宜之、陈雄甫、张静愚、缪丕成、马寅初、刘大钧、黄贻荪、张志韩及叔同等。

1929年3月14日：午间在安乐酒店应华侨招待所午餐之约……七时应暨南学校学生会在安乐酒店招宴，请赞助该校请政府确定经费事。

1929年3月15日：晚侨务委员代会招宴于安乐酒店。

1929年3月17日：午间偕铁城、芦隐、焕廷、君佩等在安乐酒店宴请华侨代表，到者约八十余人。

1929年3月19日：七时顷，史尚宽在安乐酒店请客，到钮惕生、马超俊等。

1929年3月24日：（晚）十时顷又至安乐酒店与各方一谈。

1929年3月25日：晚，国民政府在励志社公宴，王儒堂在安乐酒店公宴。（按：王儒堂即王世

杰，时任新组建的国立武汉大学校长）

1929年3月26日：八时后应哲生（按：即孙中山之子孙科）安乐酒店宴会之招。

1929年4月25日：六时半应童萱甫安乐酒店宴会之招，到者有陈公侠、马寅初、林彬、姚琮、方策、周亚卫等。

1929年5月10日：晚在安乐酒店宴客二十余人。

1929年5月11日：晚应童杭时、陈长蘅、马寅初安乐酒店晚餐之约。

1929年5月24日：晚应吴建邦等安乐酒店晚餐之约。

1929年11月22日：正午至安乐酒店应王荫春君午餐之招。

1930年1月15日：晚应……金侣琴（国宝）安乐酒店招宴。

1930年1月19日：晚偕默在安乐酒店招宴叶元龙、金国宝、孙本文、唐启宇、吴冕、刘振东、余井塘等。

1930年1月25日：晚偕默君至安乐酒店应纪文之弟兆锡结婚喜宴。

1930年1月26日：晚先后应陈雄甫中国酒店、童萱甫中央饭店、冯轶裴安乐酒店宴会之约。

1930年2月9日：午间偕默君至安乐酒店赴

陈念中午餐之约。

　　1930 年 6 月 4 日：晚蒋梦麟在安乐酒店招宴。

　　1930 年 6 月 26 日：晚果夫、立夫为其父六秩谢寿，邀宴于安乐酒店。

　　1930 年 10 月 9 日：六时至安乐酒店应萧吉珊晚餐之招。

　　1930 年 10 月 25 日：晚应念中伉俪安乐酒店晚餐之招。

　　1932 年 1 月 23 日：午偕默君至安乐酒店应陈念中、章德英邀宴。

　　1932 年 5 月 22 日：晚，卢锡荣在安乐酒店约餐。

　　1933 年 4 月 3 日：介石因赣吃紧，定明日行。晚，雨岩、淑嘉在安乐酒店约餐。(《邵元冲日记：1924—1936》，上海人民出版社 1990 年版，第 74、503、505、509、516、517、518、521、530、533、546、581、600、601、604、605、607、634、639、664、667、819、867 页)

而再看席上宾客，不必一一具道，读者俱是耳熟能详。

　　除了去安乐酒店之外，邵元冲还多去另一家粤菜馆中国酒店：

　　1930 年 1 月 18 日：五时顷赴中国酒店，招宴立法院、考试院各同人约七十余人。

1930 年 1 月 26 日：晚先后应陈雄甫中国酒店、童萱甫中央饭店、冯轶裴安乐酒店宴会之约。

1930 年 3 月 6 日：晚应胡宣明中国酒店宴会之招。

1930 年 6 月 3 日：晚林彬等在中国酒店招宴。

1930 年 6 月 9 日：晚至中国酒店应李君佩等晚餐之约。

1930 年 11 月 15 日：晚六时至中国酒店应童时杭晚餐之约。

1930 年 11 月 17 日：晚，杨少炯、周仲良等在中国酒店招宴，到溥泉（张继）、雪竹等。

1930 年 6 月 12 日：晚，立法院法制委员会同人在中国酒店招宴。

1930 年 6 月 26 日：晚偕马寅初等作东，在中国酒店邀宴立法院同人。

1930 年 12 月 10 日：晚应陈炳光、谭星阁中国酒店招宴，并饮蛇胆酒，食三蛇脍。

1931 年 2 月 5 日：晚，崇基在中国酒店招宴，同席有向育仁等。（《邵元冲日记：1924—1936》，上海人民出版社 1990 年版，第 602、605、614、635、636、639、674、683、704 页）

　　中国酒店的广告自诩曰"百食不厌是中国酒店的粤菜"，还胪列了其主打菜："脆皮广东鸡，凉瓜鲥鱼，鲜明大虾，玉种蓝田，蚧肉冬瓜。"这在上海以外的城市，颇为少见。(《南京门帘桥中国酒店》，载《中央日报》1930年5月3日第5版)

　　像安乐酒店这么好的酒店，怎么少得了好使酒骂人的中央大学教授国学大师黄侃呢？于右任就亲自请他吃过："(1928年9月3日)至安乐酒店赴右任之招，晤李审言先生、刘无量、刘禺生、黄立猷(毅侯)、林少和及他客数人。"其余酒友也个个不俗：1932年12月25日，"洗沐甫竟，鼎丞，同赴安乐酒店，座有溥泉、觉生、刘守中、罗家伦"；张溥泉(继)是国民党高官，罗家伦则是中央大学校长。(《黄侃日记》中，中华书局2007年版，第365、856页)谢国桢教授写当年在安乐酒店陪黄侃饮酒谈天，更是学林雅事："前辈当中我最佩服的是黄季刚、吴瞿安两先生。黄先生素来是好骂人的，但是对于后辈，则极为奖借，他时常到教习房来与我谈天，黄先生喜欢谈话，是滔滔不绝的。又一天他本来到学校上课，可是与我谈久了，竟把上课时间忘掉；一直谈到傍晚，他便叫我约他一同到花牌楼安乐酒店，去喝酒去，黄先生喝了几杯水酒以后，他的谈锋更犀利了，说了许多平生治学问的门径，和遇到的人物，我真感觉到获益不少。"(谢刚主《三吴回忆录》下，载《古今》1943年第22期)因下文说"第二年的春天，朱逷先先生来到学校，任史学系主任"，考

朱希祖来任中央大学史学系主任在1934年，则此番诗酒风流
当在1933年。

众星捧月的态势之下，安乐酒店成为当然的交际中心：
"你如果今天跑到中央饭店去见某委员，明天跑到首都饭店
去见某部长；今晚在蜀峡饭店请川菜，明晚在安乐酒店请粤
菜；人家邀你秦淮河上听戏就听戏，人家约你钓鱼巷里逛逛
就逛逛，那么毫无疑义地，保管你福星高照，官运亨通。"
（《知人之明》，载《华年》1936年7月第5卷第29期）而
最具政商风范的，莫过于在1935年11月12日召开的国民
党第五次全国代表大会期间，安乐酒店成为最重要的接待酒
店之一："中央饭店，安乐酒店，首都饭店，挹江别墅，东
方饭店等处的门口，汽车一排，总是几十辆，到晚间，新
都及国民两大戏院门口的汽车，亦常是汽车几十辆以至几
百辆。"（德不孤《五全大会的里里外外》，载《独立漫画》
1945第5期）

如果说安乐酒店像今天的五星级、六星级酒店，那中国酒
店则像传统的粤菜馆，论气派肯定不如大酒店，论味道则从来
胜之。味道更好的，则是那些更小的独沽一味或数味的粤菜
馆——广州如此，南京亦然。比如邵元冲夫妇曾觅食过的太白
酒家："（1930年1月25日）晚偕默至太白酒家晚餐。"（《邵
元冲日记》，第604页）《晶报》1931年7月18日第2版还载
有时人百闻写的一则太白酒家轶事："南京夫子庙前有一粤菜
馆，曰太白酒家。凡粤菜馆之厅名，各各不同。太白酒家之厅

名，以京沪铁路之各站名为记，如南翔厅、昆山厅之类。有某君两次在太白宴客，第一次在黄渡厅，第二次在龙潭厅，两次均有歌女在座，而某君又惧内，于是友人述及前事者，辄称之曰黄渡之役，龙潭之役，夫人茫然不知也。"也曾在报章进行广告招徕。(《太白酒家新菜上市》，载《中央日报》1930 年 6 月 13 日第 7 版)

风气之下，后出转精，像"松涛巷广州酒家，菜极洁净，主人李荣基亲自下厨，凡京人士之好啖者，群趋顾之"。趋之者谁？议会议长、考试院秘书长是也："议长罗钧任夙好绍酒，每席可尽三四斤，近因体弱稍逊，但甚喜吃小馆儿，时时独往小酌。考试院秘（书）长许公武（崇灏）亦酷嗜该馆，谓为粤菜正味，罗许及邓家彦君在座间均有题跋。"更重要的是，占籍吾粤番禺的末代探花商衍鎏老先生，彼时供职财政部，"亦常往小啜，亦题一联于壁：'山头望湖光漱眼，鞓红照座香生肤。'"(梧槎《广州酒家壁上观》，载《晶报》1934 年 9 月 4 日第 2 版)最为饮食轶闻佳话。

这么好的酒家，黄侃先生也早就来痛饮过："（1930 年 10 月 28 日）夕奎垣来，共赴琼园看菊，遂至广州酒家剧饮。""（1930 年 11 月 15 日）夜韵和邀与子佽及孟伦食于松涛巷广州酒家，甚醉饫。""（1931 年 11 月 17 日）暮与子佽饮于广州酒家，继看影戏，子夜返。""（1932 年 10 月 24 日）晚挈三子食于广州酒家。"(《黄侃日记》，第 678、681、753、844 页)也有评论认为粤菜馆当首推广州酒家："川菜，以皇后撷

英等稍佳，浙绍馆则老万全六华春最著，粤菜馆则以广州酒家为佳，至规模较大者，如中央饭店，安乐酒店，世界饭店，则各式均备，唯中央以川菜较佳，安乐以粤菜为著。"（《旅京必读：首都的"吃"》，载《新生活周刊》1935 年第 1 卷第 63 期，第 7 页）

而名流们的持续光顾，更进一步佐证着其地位。主管党务人事的行政院参事陈克文，不仅友朋约聚席设广州酒家，也曾订广州酒家之酒席举行家宴，且每席贵达二十五元。（《陈克文日记》1937 年 2 月 27 日、4 月 10 日日记，社会科学文献出版社 2014 年版，第 37、50 页）顾颉刚在南京时，也曾履席于此："（1937 年 1 月 28 日）到广州酒家赴宴……今晚同席：王恭睦、谢君、黄建中、陆幼刚、尚有数人、予（以上客），辛树帜、宋香舟（主）。"（《顾颉刚日记》第三卷，台北联经出版公司 2007 年版，第 591 页）连不喜也不擅应酬的竺可桢先生，在日记中甚少提及上酒菜馆的事，却少见地提到了上广州酒家，而且连出席人员都记之甚详："1937 年 4 月 10 日：六点至广州酒家，应雷儆寰之约，到杜光埙、李书城、赵大侔、杨振声、巽甫、皮皓白等。"（《竺可桢全集》第六卷，上海科技教育出版社 2005 年版，第 435 页）这样，广州酒家就与安乐酒店一起，成为当年首都粤菜馆的翘楚和旅游指南类图书的必录："广东菜也已成为南京一般人所嗜好，著名的粤菜馆有安乐酒店和广州酒家等家，都是极出名的。"（倪锡英《南京》，中华书局 1936 年版，第 167—168 页）

《京镇苏锡游览指南》著录的粤南公司、岭南楼和粤华楼等（陈日章编，上海禹域社1932年版，第31、34页），我们也可以按图索骥很容易觅得不少名人墨客的"游踪"，从而加持其知名度。比如黄侃先生，1928年6月10日曾与"旭初（汪东）、晓湘、辟疆来，偕行赴利涉桥粤南公司。伯弢先生及小石、俊南、友箕已先在，遂同唤舟泝淮……还泊利涉桥，入酒肆，粤肴殊精"。也曾履席岭南楼："（1929年10月5日）午间焯邀予等至岭南楼为亦陶称寿，儿女皆往，醉饭饱而归。"并几度光临"广东酒家"："（1931年2月27日）与旭初、筱食广菜。""（1932年8月20日）离明约同旭初、叔纲食于广东酒家，夜返。""（1932年8月31日）暮诣广东酒家，应虞卿之约，头眩未克多饮。"（《黄侃日记》，第306、580、685、829、831页）而后来邀宴广东酒家的学界名流，就更多了。如朱希祖说："（1936年9月24日）六时大儿设宴于广东酒家饯菊女与香林。"朱先生还提过一家德粤同学会，或许是家特别的粤菜馆："（1936年6月1日）六时半偕罗香林至德粤同学会晚餐，大儿宴傅生振伦也。"（《朱希祖日记》，中华书局2012年版，第663、700页）罗香林为广东籍著名学者，也是朱先生的东床快婿。顾颉刚先生也曾与延哲与洪亮"（1937年1月13日）同到广东酒家吃饭"。（《顾颉刚日记》第三卷，台北联经出版公司2007年版，第585页）陈克文先生日记中的岭南酒家或即岭南楼："（1937年3月7日）正午应陆智西、罗绍徽约，赴岭南酒家午饭。""（1937年10月27日）吴景超、张平群从欧洲回。同事多得赠品，余所得者为景超之埃及皮夹，平群之德国四色铅笔，四色铅笔作金色者尤名贵。中午铸秋、君强请吴张两人便饭于岭南酒家，余亦在被邀之列，纵谈甚欢。"（《陈克文日记》，社会科学文献出版社2014年版，第39、120页）座中吴景超，是尤为出色的大社会学家。

没有最好，只有更好。在广州酒家方兴未艾的时候，大三元酒家又登场了：

> 粤菜巨府大三元酒家明日开幕欢迎尝试。万物朝宗市场荟萃之夫子庙，游宴所在，别类分门。际此春光明媚，行乐及时，原有都求于供，已有不餍众望之势，兹有留京粤东商业名流，有鉴于斯，特集巨资，创设大三元酒家，位于首都影戏院隔壁。异军突起，推陈出新，所有厨司，均从港粤特聘来京，专制精美粤菜，承办大小筵席，而布置堂皇，用具清洁。餐台采制新式，可以如意旋转。至侍役周到，售价低廉，更无出其右者。现已工程征告竣，准于明日正式开幕，欢迎各界尝试，一饱口福。（《大三元酒家开幕》，载《南京日报》1936年4月11日第6版）

抗战胜利后的大三元，则更为显赫！

○ 抗战胜利后粤菜馆的畸形繁荣 ○

抗战胜利后饮食繁荣，无论两京还是沪穗，特别是粤菜，京沪记者不断从广州发回畸形繁荣的报道，上海新雅粤菜馆则赢得了"国菜"殊荣。（详参拙著《民国味道：岭南饮食的黄金时代》，南方日报出版社 2013 年版）南京亦复如是。从回京及旅京人士的日记中即可窥见一斑。1945 年 10 月 12 日，郑天挺先生出差初抵南京，即"偕雪屏、子坚至胜利食粤菜"。（《郑天挺西南联大日记》，中华书局 2018 年版，第 1111 页）季羡林留德十年归国，途经越南西贡，大嚼粤菜，叹为"广州本土都难以比拟"（季羡林《留德十年》，外语教学与研究出版社 2009 年版，第 188 页），初抵南京，自然也有两上粤菜馆的记录："（1946 年 6 月 29 日）六点同长之到峨嵋路宿舍访阎金锷，邀他到玄武湖去玩。先到那广东铺子里吃过饭，就到美洲走了走，从那里走到非洲。""（1946 年 7 月 18 日）七点同长之、励甫到玄武湖去，先到广东馆子里吃过饭，就雇了一只船，走向澳洲去。"（季羡林《归国日记》，重庆出版社 2015 年版，第 37、46 页）"美洲""非洲""澳洲"均玄武湖内之洲名。

顾颉刚先生去得就更多了：

1947 年 4 月 3 日：到大行宫广东酒家吃饭。

1947 年 5 月 21 日：到大三元吃点。

1947 年 5 月 27 日：到大三元吃点。

1947 年 5 月 29 日：魏瑞甫来，为写骊先信。与同至广东酒家吃点。

1947 年 6 月 2 日：到广东酒家吃点。

1947 年 6 月 3 日：杨宗亿来，与同到广东酒家吃点。

1947 年 6 月 4 日：到大三元吃点。

1947 年 6 月 7 日：瑞甫来，同到广东酒家吃点。

1947 年 6 月 8 日：魏瑞甫来，同到大三元吃点。

1947 年 6 月 10 日：与君匋到广东酒家吃点。

1948 年 1 月 10 日：与仲明到广东酒家吃饭。

1948 年 1 月 15 日：魏瑞甫来。奋生来。同到广东酒家吃点。

1948 年 2 月 4 日：到大三元吃饭。

1948 年 2 月 5 日：到大三元吃点。(《顾颉刚日记》第六卷，台北联经出版公司 2007 年版，第44、65、68、73、74、213、225 页）

再则，还都南京三四年间，见诸名人及报章笔下的粤菜馆，也胜过当年从定都到迁都的十余年间，不是畸形繁荣，当作如何解释？如凤凰餐厅，除了粤菜茶点、节约和菜，还有音乐午餐、音乐夜座，由"徐鸿生领导凤凰大乐队，李敏、张佩佩、胡以衡小姐伴唱中西名曲"。(《社会日报》1946年12月28日第2版)再如山西路中的岭南金陵酒家:"广州食谱,茗菜美点,柱候卤味,华贵筵席,随意小吃,无任欢迎。"(《社会日报》1947年9月4日第2版)最值得一说的,或许是邹霆先生所说的"广东御厨",即汪精卫家的厨师在南京新街口北珠江路口一弄堂内开设的以此标榜的小餐馆,名气大却又价廉物美,"一度光顾者极多,日夕座无虚席",当然也少不了当时笔头甚健、卖文收入不少的邹霆先生的份。(邹霆《我"以食为地":关于饮食漫谈絮语》,载汪曾祺主编、施亮补编《知味集:餐桌边的故事》,湖南文艺出版社2017年版,第185页)

风气之下,像广州池记馄饨面这种备受追捧的街头挑担摆卖方式(详参拙著《民国味道》),也出现在了南京街头,且同样受追捧:

广东馆子,在全国各大都市是没有一处没有,南京,当然不能例外,如:夫子庙的远东、中山东路的大三元、广东发记酒家、中山路的龙门等处都是,但是他们那股华贵劲儿,使穷措大不敢跨进大门去。这里,我告诉你一家十足地道的广东馆子,而且完全平民化,东西比一般摆在路上的吃食摊子还要便宜。

他开设在中山东路新都戏院隔壁的弄堂里,

在人行道上往弄堂里一望，便可以看见他的担子。他虽牌子是挂的馄饨面大王，其实一般小吃的菜，都有得卖的，味道也十足地道的广东味。听说他那里那位厨房，过去还是汪精卫的厨司呢！

他既是标着馄饨大王，值得介绍的当然是馄饨面，三千五百元一碗的馄饨完全是鸡汤，其味无穷。七千元一碗的白切鸡，既便宜，又实在，其鸡肉之甜和嫩，是其他任何馆子的白切鸡所不能望其项背的。五千元一碗的鸡杂面，大大的一碗，浇头也很多，食量中等的人，简直可以当一餐饭吃，而且味道也非常鲜美。如果你不喜欢汤面，不妨来一个炒面，但广东馆子的炒面，是不作兴"两面黄"的，其味道实驾"两面黄"之上，而且，那上面的菜，足够两人下酒而有余了。

其他的炒牛肉，豉汁排骨，炒牛及第，甚至艇仔粥等，无不经济而可口，欢喜吃广东口味而又怕上大馆子的朋友们，不妨前往一试。（老兄《弄堂里的粤式小吃》，载《社会日报》1947年9月25日第2版）

文章提到的"夫子庙的远东、中山东路的大三元、广东发记酒家、中山路的龙门"等很高大上的粤菜馆，除了大三元，都是前面没有提过的，可以显见此外还有多少小粤菜馆才足以

拱起这些明星和月亮。其中最值得一说的，则是龙门酒家，其相对影响力，绝对超过早期的安乐酒店，是如题所示"政海商潮"的最佳表征，虽然它的广告做得相对低调："龙门酒家，粤菜权威，广东名点，经济实惠，宴客胜地。龙社管弦乐组伴奏，丹华、绮英小姐歌唱。地点：中山路四十一号。"（《社会日报》1946 年 12 月 21 日第 2 版）不过只需看看它在国民党政权崩溃前夕的代总统选举中的作用和地位，即可明白。为了拉拢选票，请吃请喝，自然必不可少，虽然我们今天可以视为贿选，在当时却是可以公开报道，甚至大打广告的："孙（科）副主席今明两日仍在龙门酒家等处宴请全体国大代表。李宗仁助选会今晨亦召贴通告，早午晚三餐在京中四大餐厅招待全体代表。"（《国大代表口福不浅 龙门酒家孙院长照常宴客 四大餐厅李宗仁招待三餐》，载汉口《大刚报》1948 年 5 月 1 日第1 版）亲历者后来的回忆文章则详细介绍了其间种种具体招待情形：

> 当时南京有两家最大的广东菜馆：一是新街口的龙门酒家，一是白下路的安乐酒家。这二处富丽堂皇的高级餐厅，在竞选副总统时，竟然大显神通。参加副总统选举的是国民党的孙科和桂系首领李宗仁。为了争夺论和选票，孙科包下了龙门酒家，李宗仁包下了安乐酒家。只要是国大代表和新闻记者，拿出证件，就可随时随地，进

去大吃大喝，吃完嘴巴一抹，扬长而去。

　　记者们都有自己的打算。一般说来，中午大都到龙门酒家，因离开国大会场近，所以，龙门酒家午餐时就门庭若市，食客如云。晚上则去安乐酒家，那里和夫子庙近在咫尺，酒醉饭饱之后，就可以冶游胡闹。两处酒家，都有大批穿中山装、西服和军服的人，站在门口恭迎招待。如去三个人，招待者马上送来一听"茄立克"香烟，满脸笑容，招呼入席。倘去的是五六人，香烟就是二听了。至于菜肴，都是挑最好的吃，蚝油牛肉之类是最起码的；人多一点时，就吃点烤乳猪等广东名菜。吃完出门时，招待人员还要弯腰送出大门，口中频频说："请帮忙请帮忙！"活像上海人所说的"吃冤家"。（沈立行《"总统"选举闹剧目睹记》，载政协上海市虹口区委员会文史资料委员会编《文史苑》1993 年第 11 期，第 109 页）

　　上述报道和回忆都是很真实的，连当日统筹其事的桂系元老黄绍竑亦如是说：

　　　　除我奔走活动外，李宗仁以候选人的身份，在南京、上海各种场合上发表竞选演说。他在南

118

京的安乐酒家开丰盛的流水席，宴请各省的国大代表，在那里作竞选演说，拉选票。其他的竞选者也同样做，而以孙科做得比较像样（以龙门酒家作大本营）。当时南京有句话："安乐龙门，代表最盘桓。"（黄绍竑《李宗仁代理总统的前前后后》，见《文史资料选辑》第 60 辑，文史资料出版社 1979 年版，第 33 页）

陈克文先生在抗战胜利还都南京后吃过不少粤菜馆，当然也吃过龙门酒家："1947 年 3 月 24 日：瑞元兄邀往龙门酒家吃早茶，一家大小均去。""1948 年 6 月 20 日：上午到龙门酒家参加中山大学同学会茶会，这会的意义在欢迎中大同学的立法委员，同时欢送甘乃光大使（驻澳）。"（《陈克文日记》第 1001、1062 页）

龙门酒家不仅是国民党政要的接待中心之一，也是后来共产党人的重要接待据点。解放南京后，刘伯承司令员第一次接见并招待起义的国民党海军第二舰队司令林遵及校以上军官，就在这儿："当时龙门酒家虽然比不上大三元，但因位置不在闹（市）区，长江路口便于停车，不易引人注目，所以领导便同意了。"（王振琳《渡江前后亲历三事》，载政协江苏省句容县委员会文史资料研究委员会编《句容文史资料》1992 年第 10 辑，第 146 页）

○ 姑苏别传 ○

由于跨区域饮食市场形成较晚，因此粤菜在江苏的发展，能立专篇专章的，目前只有南京，但"食在广州"与苏州的渊源，以及民国时期粤菜在苏州的艳若惊鸿般的存在，至少值得附立一节于此篇之中。

两千多年来，广州一直是对外贸易的窗口，特别是明代中后期形成了一口通商"集天下商贾之势"（梁嘉彬《广东十三行考》，广东人民出版社 1999 年版，第 59 页）的局面，于是江、浙商人"窃买丝绵、水银、生铜、药材一切通番之货，抵广变卖，复易广货归浙，本谓交通，而巧立名曰'走广'"（胡宗宪《筹海图编》卷十二《行保甲》，四库全书本；胡书初刊于嘉靖四十一年即 1562 年），有如 20 世纪 80 年代"东西南北中，发财到广东"。苏州是这条"走广"通道上的重镇，不少材料反映了因此形成的苏广间人财物的交流，其中最为风雅的，当数莞香："当莞香盛时，岁售逾数万金，苏、松一带，每岁中秋夕，以黄熟彻旦焚烧，号为薰月。莞香之积阊门者，一夕而尽，故莞人多以香起家。"（屈大均《广东新语》卷 26《香语·莞香》，中华书局 1985 年版，第 677 页）一代风雅冒襄也说："近寒夜小室，玉帏四垂，毹毷重叠，烧二尺许绎蜡二三枝，陈设参差，堂几错列，大小数宣炉，宿火常热，色如液金粟玉。细拨活灰一寸，灰上隔砂选香蒸之，历半夜，一香凝然，不焦不竭，郁勃氤氲，纯是糖结。爇香间有梅英半舒荷鹅梨蜜脾之气，静参鼻观。忆年来共恋此味此境，恒打晓钟尚未著枕，与姬细想闺怨，有斜倚薰篮拨尽寒炉之苦，我两人如在蕊珠众香深处。"（《影梅庵忆语》，大东书局1933年版，第23页）洵属风雅之至！

苏粤商贸交流的最佳表征，非苏州的岭南会馆莫属。清嘉庆间苏州人顾禄《桐桥倚棹录》卷六《会馆》载录各地会馆12所，其中广东会馆5所——冈州（新会）会馆、仙城会馆、宝安会馆、岭南会馆、东官会馆，几近半数，猗欤盛哉！（王稼句校点《吴门风土丛刊》，古吴轩出版社2019年版，第307—308页）其实，这里边还漏了一家非常重要的会馆——潮州会馆，而且明代已经创立："我潮州会馆，前代创于金陵。国初始建于苏郡北濠，基址未广。康熙四十七年，乃徙上塘之通衢。"（《潮州会馆记》，见《江苏省明清以来碑刻资料选辑》，生活·读书·新知三联书店1959年版，第340页）著名史学家蔡鸿生教授为此馆记专门作了一篇《清代苏州的潮州商人——苏州清碑〈潮州会馆记〉释证及推论》（《韩山师专学报》1991年第1期），不仅阐述了潮商在苏州的情形，更阐述了潮商带回的姑苏文化的影响，比如说园林袭用"山房""轩"之类的苏式名称，园内的假山、水阁及卵石辅地、月窗门洞等，也俱见典型的吴风；又如清季潮俗好谜，为前代所未闻，溯其渊源，也可能是由"往来吴下"的士商引进；连工夫茶具茶壶仿苏罐，也成一大特色；最后是语词方面，潮州方言中有一部分常用词语，如"三只手""轧娇头""吃老米""派头""调羹"等，意义与吴语完全相同，在在均可说明。

其实姑苏文化，特别是姑苏饮食，对岭南文化特别是"食在广州"影响甚深；《粤风》有一篇老广州谈广东鱼翅烹饪变迁的文章，很可见出这种影响来。文章认为"从前广州姑苏酒楼所烹饪之鱼翅"都是用熟翅，直到一个潮州籍的陈姓官厨出来，才改造成后来通行的生翅烹饪法。由此"陈厨子之名大著，宦场中人，宴上官嘉宾者，非声明借重陈厨子帮忙不为欢，亦不成为敬意"。等到他的姑苏籍主人调任他方，便"以所蓄营肆筵堂酒庄于卫边街"。当时卫边街、司后街、后楼房一带均属衙署公馆荡子班。"女优演堂戏兼侑酒清唱，恍若北平之像姑，谙普通方言，招待客人极其殷勤周到，与珠江名花异。宦场中人酬酢趋之若鹜。"肆筵堂地介其中，大有应接不暇之势。"续后同兴居、一品升、贵连升等，随之蠭起。"则既可证其资格之老，也恰恰有助于说明"食在广州"与姑苏风味之关系，因为作者又特别强调陈厨的肆筵堂并"不入姑苏酒楼同行公会"，兼之前述广州姑苏酒楼烹翅皆熟制，可见姑苏酒楼在广州得有多大势力，才可能建立"同行公会"，而在此之前，后来闻名遐迩的广州本土著名酒楼如一品升，特别是以鱼翅著称的贵联升还没"出世"呢。由此则可推知，早在同光之前，即便有"食在广州"声名，也应当是姑苏酒楼当道；直到光绪中叶后，才有"四关泰和馆文园等崛起竞争，记者已客苍

梧……贵连升烹饪佳妙，风靡一时"。（戆叟《珠江回忆录》之六《饮食琐谈》续，载《粤风》1935 年第 1 卷第 5 期）

可以作为上佳佐证的是，史学大家何炳棣先生综合民国时的相关材料及道光《佛山忠义乡志》，认为以一乡而为工商大都市的佛山，不仅会馆众多，同行公所也不少，"京布一行是南京、苏州和松江人的天下；苏裱行和酒席茶点两行中的'姑苏行'，也反映苏州长川在此经营者的人数是相当可观"。（何炳棣《中国会馆史论》，台湾学生书局 1966 年版，第 66—77 页）佛山籍的民国食品大王冼冠生说，"食在广州"更多地体现在"集合各地的名菜，形成一种新的广菜，可见'吃'在广州，并非毫无根据"，而且被集合的一个最主要来源，或许就是姑苏味，因为他曾在文章中点出："广州与佛山镇之饮食店，现尚有挂姑苏馆之名称，与四马路之广东宵夜馆相同。"在后面列举的几款菜式的具体渊源中，也点明了挂炉鸭、油鸡、炒鸡片、炒虾仁源于苏式。（《广州菜点之研究》，载《食品界》1933 年第 2 期）

今人认为"食在广州"深受姑苏淮扬风味影响最著名者当属唐鲁孙先生了。他认为著名的谭家菜主人谭瑑青最初是用厨师的，用的是曾在江苏盱眙杨士骧家担任小厨的陶三，自是手艺不凡，而为长远计，便让如夫人赵荔凤以帮厨为名天天下厨房偷师学艺。加之他的姐姐谭祖佩嫁给出身钟鸣鼎食之家、对割烹之道素具心得的岭南大儒陈澧之孙陈公睦后成了女易牙，便又悉心传授弟媳，如是赵荔凤"一人身兼岭南淮扬两地调爕之妙"，终于成就以淮扬菜为底子并传岭南陈氏法乳足以表征"食在广州"的谭家菜。（唐鲁孙《天下味·令人难忘的谭家菜》，广西师范大学出版社 2004 年版，第 135—136 页）

再近一点，一些老广州的回忆，更可印证这一层。像冯汉等的《广州的大肴馆》说，从前有一种"大肴馆"，又称为包办馆，历史悠久，到清末形成了聚馨、冠珍、品荣升、南阳堂、玉醪春、元升、八珍、新瑞和八家代表性店号，他们都是"属'姑苏馆'（当即前述'姑苏酒楼同行公会'）组织的，它以接待当时的官宦政客，上门包办筵席为主要业务"。到 20 世纪 20—30 年代全盛时期，全市有 100 多家，多集中在西关一带广州繁盛富庶之区，可见"姑苏馆"的影响力及其流风余韵之绵延不绝！（《广州文史》第四十一辑《食在广州史话》，广东人民出版社 1991 年版）

姑苏淮扬饮食对"食在广州"的影响，我们还可从另一个侧面找到佐证。例如，民国时期，广州百货业雄视寰中，上海四大百货虽然后起更秀，但均可视为广州四大百货在上海的分店。殊不知，广州百货业早先却被称为"苏杭什货"！为什么作此称呼？因为南宋以降，苏杭"户口蕃盛，商贾买卖，十倍于昔"，街市买卖，昼夜不绝，杭州更有"习以工巧，衣被天下"之说。广州一口通商，苏杭货物，更是纷纷南下，时有"走广"之谚，"苏杭什货"于焉形成。（罗伯华、邓广彪《从苏杭到百货——解放前广州的百货业》，见《广州文史资料》第二十辑，广东人民出版社 1980 年版）有意思的是，自洋货

大行我国之后，加之广州因外贸刺激的各种出产行销国内，国内的百货便又称"广洋（洋广）杂货"或"广货"。这与岭南饮食在充分吸收外来元素之后形成"食在广州"走向全国，实属异曲同工。

所以，言归正传，"食在广州"既受姑苏风味影响，那在苏州我们自然也会看到其市场影响。且先看看苏州粤菜馆的著录情况——口味既近姑苏淮扬，逻辑上不会差太多。笔者目前所搜阅到的最早的记载是郑逸梅编著的《最新苏州游览指南》（大东书局1930年版，第80页），菜馆条目中未提及广帮，只提到两家消夜馆——观西大街的广南居和养育巷的广兴居，但顾名思义，当为广帮。可资佐证的是，有一位老伯说他最喜欢吃的广州食品伦教糕，"以前在苏州，只有广南居一家有得出售，迟一步去便买不着，和叶受和的小方糕一样出风头"。（老伯《夏天广州吃》，载《现世报》1939年第65期）

十年之后，尤玄父编的《新苏州导游》（文怡书局1939年版），在第十一章《起居饮食娱乐》中提到的粤菜馆广州食品公司，则是著名的九如巷张家姐弟尤其是张充和、张宗和经常光顾的场所，张宗和在日记中多有记录：

1936年12月6日：二姐、周耀、四姐、我公请大姐在广州食品公司，他们都到了，来电话催我。我被学生们缠住，半天都走不出来。

1936年12月16日：（跟四姐看完电影后）到

广州食品公司吃点心。

1936 年 12 月 18 日：下午没有课。章大胖子（靳以）、巴金星期一要飞京，说是今天到苏州来要和我们说说话，在广州食品公司等他们。我下了课，四姐也打扮打扮。我向夏妈借了五块钱，总是预备请他们一次。

1937 年 8 月 5 日：肚子里饿得慌，到松鹤楼，没有吃的，到广州食品公司吃饭。

1937 年 8 月 11 日：到广州食品公司，两人（杨苏陆）吃了一客四毛钱的什锦炒饭也就够了。

1937 年 8 月 14 日：高（昌南）来，当陪他玩。到怡园，观前，吃广州食品公司，颇惬意。[《张宗和日记》第二卷（1936—1942），浙江大学出版社 2019 年 10 月版，第 36、43、44—45、108、111 页]

尤其值得庆幸的是，待到抗战胜利后归来，广州食品公司还在，味道依然很好，橘子汁都想买回去当茶吃，而且还有先是学生后是未婚妻紧接着是妻子的刘文思相陪伴，真是一种大慰藉：

1946 年 6 月 19 日：在观前荡荡，天闷得很，到广州食品公司吃橘子水。

1946 年 7 月 14 日：和文思到观前买车票。时间未到，荡观前，吃刨冰、橘子水。文思替我去发信，我在广州食品公司等。

1946 年 8 月 9 日：在广州食品公司买了一瓶橘子汁，预备回家当茶吃。

1946 年 8 月 11 日：晚饭前，我们到观前，我、二姐、四姐、从文去的。她们小姐买东西，我也已经买了两件汗背心，到广州食品公司吃冰砖，不好。

1948 年 8 月 4 日：小平、二少奶奶到广州食品公司坐着吃冰。我们去买票，去拿戒指，然后吃冰，大姐、二姐、四弟、五弟都到了。(《张宗和日记》浙江大学出版社 2021 年版，第三卷第 579、596、600 页，第四卷第 327 页)

他后来到上海，到南京，到武汉，都屡屡上粤菜馆，别章另有详述，此处略略提及。如在南京时，(1937 年 1 月 25 日)和宗斌一同出来，到一处广东店吃晚饭，鼎芳请的客；(1937 年 2 月 6 日)在大同吃饭，叫了好多种饭，吃不下。这表明其喜欢上广州食品公司，既是一以贯之的喜好，更可视为此一以贯之的开始，足以充当"食在广州"在苏州的代言人。

九省通衢，商旅要津

民国武汉的粤菜馆

　　武汉是九省通衢之地，自然少不了与粤地的商贸往来，如屈大均《广东新语》说："广州望县，人多务贾与时逐，以香、糖、果箱、铁器、藤、腊、番椒、苏木、蒲葵诸货，北走豫章、吴浙，西北走长沙、汉口。"汉口至迟在明末清初，已成粤人的主要营商地之一，所以清代汉口有五处广东会馆、公所，其中规模最大的岭南会馆康熙五十一年即已建立。特别是一口通商时代，长江中下游地区不少出口茶叶即通过汉口、岳阳、湘潭等几个重要口岸辗转南下。同时，如彭泽益先生所述，汉口还和苏州、杭州一样，不仅是当时国内工商业的中心城市，而且也是当时外国洋货经广州输入内地的三大集中地之一。（彭泽益《广州洋货十三行》，广东人民出版社 2020 年版，第 166 页）但是，粤菜馆也并没有超出饮食市场跨区域发展的规律而早早建立，直到 1861 年汉口正式开埠之后，坐贾日多，粤商日众，才有次第开张的基础。1911 年10 月 10 日，粤人肇始的民主革命于武昌首义，粤人形象随之大幅改善，粤菜的吸引力也相应增强，再又经过若干年，粤菜馆才觅得见诸记载的踪影。特别是 1926 年国民革命军北伐，以及 1927 年初国民政府自广州迁都武汉，粤人在武汉的政商活动皆臻于极盛，粤菜馆也相应进入黄金时代。抗战全面爆发后，国民政府西迁重庆，以冠生园为代表的粤菜馆随之西移，武汉粤菜馆也就进入另一时代了。综而言之，九省通衢的武汉，堪称粤菜北渐的要津。

　　唐鲁孙先生说武汉："地处九省通衢，长江天堑，水运总汇。开埠既早，商贾云集，西南各省物资，又在武汉集散，所以各省的盛食珍味，靡不悉备，可以比美上海。"却又说："民国二十年左右，武汉几乎没有广东饭馆，后来汉口开了一家冠生园，跟着武昌也开了一家冠生园分店。"（唐鲁孙《武汉三镇的吃食》，见《酸甜苦辣天下味》，广西师范大学出版社 2008年版，第 79、81 页）如此如何媲美上海？显然是只见其大不知其小。早在 1920 年，武汉书业公会编纂、上海商务印书馆出版的《汉口商号名录》所附之《汉口指南》，标明的粤菜馆已有杏花楼，标明的番菜馆万国春、普海春、一江春、海天春大抵皆粤人经营，未明标的只说"以上菜馆各帮具有"的应该还有一些粤菜馆在内。大新印刷公司 1925 年出版的《汉口商业一览》"中菜馆"条"广东帮"目下，单单武汉三镇之汉口

一镇的粤菜馆即多达 15 家，这种盛况，上海之外，比之后来的首都南京也不遑多让：

　　文记：经理容纪三，法租界如寿里；

　　西河：经理曾玉湛，法租界如寿里；

　　杏花楼：经理唐谦儒，后城马路五常里口；

　　知公：经理钟发贤，法租界长清里；

　　奇珍：经理李春山，苗家码头；

　　东记：经理曾玉湛，新庆里；

　　味雅：经理郑以光，后花楼口；

　　美珍：经理徐木林，福禄里；

　　美南：歆生路长怡里；

　　万香：经理容霈霖，花楼巷苗家码头；

　　庆记：经理潘钜波，法租界长清里；

　　德和：新市场对面；

　　广州酒家：后花楼口；

　　广东中西饭店：后花楼口；

　　鸿记：法租界长安里。

　　汉口新中华日报社 1933 年出版的周荣亚编《武汉指南》第三编《实业·饮食类》之二十五"酒楼"（汉口）条下，由于没有注明帮口，可以确认的粤菜馆大约有以下数家：

杏花楼：中山路，罗竹清；

美珍：福禄里二号，徐永年；

南洋：新安街四七号，炎炳臣；

广东饭馆：花楼居巷，关绍棠；

广州酒家：江汉路，陈彝柄；

广东酒家：花楼街，关棣甫。

之二十八"饭馆"条下的"奇珍：三民路，丁云卿"，应该也可确认是粤菜馆。乍看之下，还以为武汉的粤菜馆数量萎缩了，殊不知第八编《食宿游览》还有更详尽的别的粤菜馆的介绍。先是之一"略说"曰：

汉口市之酒楼，可分北平、浙、徽州、广东、湖南、西川、本省等帮，其营业资本大小，亦各不同，大约生意较大者以平苏浙广四帮为多，徽州湖南等次之。番菜馆亦不多，为苏浙广三帮营业，而广东中菜馆则兼营西菜类。平苏浙广各馆，每人便饭起码八角至一元五角（其实大菜馆并无便餐，个人吃便饭在广东馆甚为合算）。

之二"著名之菜点"曰：

杏花楼之红烧鱼翅、溜鱼片、炸虾球及和菜，

宴月楼之清炖时鱼、爆肚、红糖醋萝卜，翼江楼之点心，万花楼、大吉春之白鸡、卤鸭，广州酒家之烧烤、烤鸭、伊府面，味雅之生切鱼片、生切海参片、鱿鱼块，中西饭馆之鱼生粥……

不管如何介绍，无不以粤菜馆和粤菜为重点。之六"广东馆"则具体介绍了14家粤菜馆的名址详情：

冠生园：江汉路；

德和楼：文书巷；

美珍楼：前花楼；

奇珍楼：苗家码头；

四河馆：法租界；

锦海楼：清芬二马路；

新月华：郭家巷；

广州酒家：后花楼；

味雅楼：后花楼；

品记楼：特二区新外里；

中西饭馆：猪巷；

东记楼：华清街；

大香宝：江汉路；

四合春：清芬二马路。

这样加上第三编可以认定的 7 家，则著录粤菜馆数量至少达 21 家，远超 1925 年的 15 家了。后面还陆续有新的粤菜馆开出呢！如此一来，则武汉粤菜馆可谓渐臻极盛了。这其中，尤以冠生园为翘楚。关于冠生园及其老板冼冠生，笔者曾撰有《民国食品大王冼冠生》刊于《同舟共进》2018 年第 1 期，此处仅就其与武汉的关系撮述如下。

冼冠生原名冼炳成，广东佛山人，1887 年生，15 岁到上海消夜馆竹生居当学徒，三年期满后与新婚妻子和母亲自开消夜馆，屡战屡败，无奈转而与人合资糕点糖果生产，并使用香港已停业的冠生园的招牌，还印制了"香港上海冠生园"商标纸作包装使用，竟大获成功，逐步发展成为全国首屈一指的食品制造和饮食服务企业。在发展壮大过程中，武汉对其非常重要；没有向外发展，就成为不了全国首屈一指的大企业，也完成不了冼冠生食品工业救国的历史抱负；而他向外发展，首选与其家乡佛山并列天下四大镇之一的汉口，并亲自前往筹建，还带上他善做糕点的母亲帮忙。功夫不负苦心人，汉口分店大获成功，先后在市内扩设了三家支店、一个工厂和一个发行所，在武昌也设有二家支店和一个工厂，并在江西庐山特设暑季营业的支店。其后，才陆续开设了南京分店，下设三家支店、一个工厂、一个发行所；杭州分店，下设几家支店和一艘西湖画舫；天津分店，下设三家支店、一个工厂；还有一些代销店分布在北京等地。就在冠生园崭露头角名噪沪汉的 1929 年前后，大约为了纪念这次成功的向外扩展，他将原名冼炳成改为冼冠生，以致在董事会上有人提出："大块头（冼的身体矮胖），冠生园是我们大家的冠生园，以后你不能用它做名字。"冼当然不置可否。（程道生、俞少庵《冼冠生与冠生园》，见《文史资料选辑》第 88 辑，文史资料出版社 1983 年版）

至于冼冠生什么时候"进军"武汉，湖北省人民政府官网在介绍作为湖北第一批老字号的武汉冠生园食品公司时说其成立于 1930 年（http://www.hubei.gov.cn/2015change/2015sq/ssqq/fqhblzh/hblzh/dyp/201508/t20150819_706638.shtml）。显然不会这么迟。早在 1927 年，《商业杂志》第 2 卷第 7 期《冠生园食品有限公司之调查》即说："汉口支店，在后城马路，食品营业，占全埠优胜，职员五十余人。"

20 世纪 30 年代后，武汉冠生园进入了新的发展时期，特别是 1937 年抗日战争全面爆发后，日寇进攻上海，当时长江轮船调为军用，冼冠生在此紧急关头决定利用木帆船将机器设备及原料 180 多吨由上海沿长江迁往内陆，又是首重武汉，在武昌胡林翼路开设制罐厂，出产各种罐头食品。（杨锦荣《冠生园和它的创办人冼冠生》，见全国政协西南地区文史资料协作会议编《抗战时期内迁西南的工商企业》，云南人民出版社 1989 年版）对于本书来讲，特别重要的是，冠生园饮食部，成为了武汉顶级的粤菜馆，也可以说是顶级的中餐馆。时人就说，武汉正式宴会，高级请客，多往广东馆子跑，"而规模最大的粤菜馆，连冠生园饮食部共有两家，又似乎在一般人的印象里，冠生园居最高等"。冠生园的最高等体现在什么地方呢？比如九一八事变后国际调查团莅汉，"吃是最大问题，中菜呀？西菜呀？讨论了许多，后来果然决定请冠生园办理了，虽然他们不能容纳这许多人，宁可席设对面西菜馆里，酒菜则由冠生园承办。平时无论主席请客啦，委员设宴啦，市长请酒啦，冠生园好像是指定的食堂。就是银行家教育界等等，也必须在冠生园宴客，不然的话，似乎不足以示恭敬"。如此还不最高等，如何才能最高等？具体到菜品及招待，也都有值得大说特说之处。比如他们脆皮乳猪平均每天要卖掉二三十只；柱侯乳鸽也有独家之秘，"主客的重视程度，亦不在乳猪之下"。（湖北佬《江汉路上的冠生园》，载《食品界》1934 年第 9 期）

唐鲁孙先生则念念不忘武汉冠生园的鱼生粥：

我因为不时光顾冠生园，跟这家主持人阿梁渐渐成了朋友。有一天阿梁特地请我去消夜，吃正宗鱼生粥。他说吃鱼生一定要新鲜鲩鱼，把鲩鱼剔刺切成薄片，用干毛巾反复把鱼肉上的水分吸取干净，加生抽、胡椒粉，放在大海碗里，然后下生姜丝、酱姜丝、酸姜丝、糖浸藠头丝、茶瓜丝、鲜莲藕丝、白薯丝、炸香芝麻、炸粉丝、油炸鬼薄脆，才算配料齐全。然后用滚开白米粥倒入搅匀，盛在小碗来吃。粥烫、鱼鲜、作料香，这一盅地道鱼生粥，比此前所吃鱼生粥，味道完全不同。来到台湾后，所有吃过的鱼生粥，没有

一家能赶上阿梁亲手调制的鱼生粥的味道，醰醰之思，至今时萦脑海。（唐鲁孙《武汉三镇的吃食》，见《酸甜苦辣天下味》，广西师范大学出版社 2008 年版，第 81 页）

诚如前文所言，"平时无论主席请客啦，委员设宴啦，市长请酒啦，冠生园好像是指定的食堂"，见诸记载的曾履迹武汉冠生园的政要名流，多了去了。比如著名地质学家，官至国民政府行政院长的翁文灏，1937 年 12 月 5 日曾应李正卿之邀前往冠生园晚餐。（《翁文灏日记》，中华书局 2014 年版，第 197 页）翁氏此时当为国民政府经济部长。著名艺术考古学家常任侠教授，由中央大学教授转至武汉国民政府军委政治部三厅从事抗日文化宣传工作，也曾记于 1938 年 3 月 17 日赴武昌永贵里冠生园请平佑、寄梅等吃早点，还具体写到了费用："用一元六角。"真是算贵的！（常任侠《战云纪事》，海天出版社 1999 年版，第 107 页）

见诸记载去得最多的，当属自 1935 年起即任武汉国民政府主管人事的行政院参事，也是两广老乡的陈克文（广西岑溪人，著名学者陈方正之父）了，而且他将与席情形，记录得活色生香：

1937 年 12 月 20 日：景薇从长沙来，晚间与芷町、罗君强同到冠生园晚饭。

136

1938年2月17日：晚间新委书记官张守谦又请院中同事十人于冠生园晚饭。小职员竟习应酬，非佳事。彼月薪不过百元，此一席费即不够廿元左右，去五分之一矣。

1938年3月17日：王东成邀往冠生园晚饭。客仅六人，馔极丰侈。有烧乳猪一只，仅噉表皮十之七八，余馔不及十之四五。客均极口赞美，余心中实嫌其浪费，嘿不一言。

1938年4月9日：晨八时与铸秋、朴生同至冠生园，约雷洁琼小姐早茶。已两年余不相见，不图活泼泼之健康小姐，一变而为青黄之老处女也。午间约罗绍徽等七人于半仙乐午饭。铸秋临时拉马君武及封禾子小姐来。封小姐闻为吾桂之文艺家，今晨始于桂林到汉，貌平常而善笑，与铸秋交情似甚不薄。

1938年4月10日：十一时铸秋邀往探封禾子，遂同往冠生园午餐，马君武亦同去。此公年老心不老，喜与青年小姐游，认干女儿甚多，封小姐亦为众干女之一。

1938年5月1日：朴生邀往冠生园午饭，与桂同乡黄仇、李任仁晤。

1938年5月3日：十一时半与孔为明小姐渡江至武昌冠生园午餐，应君强之约也。

1938 年 5 月 9 日：晚间司徒德招饮于冠生园，乃光、朴生、澄波均在座。

1938 年 5 月 11 日：陈逸云、庄静又邀晚饭于冠生园，客多未曾会晤者。

1938 年 5 月 25 日：与铸秋往冠生园进早点。

1938 年 6 月 3 日：晚间铸秋邀往冠生园晚饭，到者多参加党务工作会议之代表。

1938 年 6 月 20 日：晨间与陶希圣、若渠、铸秋及高某吃茶于冠生园。希圣文章为时下权威文字，惟衣服不洁，亦异寻常，岂用脑子之人，一定不修褊（边）幅耶。入其所住之宅，汗臭扑鼻，尤为难耐。

1938 年 7 月 24 日：与罗君强、孔小姐同往冠生园吃早茶。（《陈克文日记》，社会科学文献出版社 2014 年版，第 146、178、191、201、202、211、213、218、222、229、244 页）

陈克文日记中所记者，率皆名人。雷洁琼是他的两广老乡，原籍广东台山，生于广州，1924 年赴美留学，1931 年获南加州大学社会学硕士学位后回国任教于燕京大学等处，此际正在南昌领导妇女抗日救亡工作，当是出差至武汉。雷先生后来成为著名的社会学家和社会活动家，曾任全国人大常委会副委员长。说"年老心不老，喜与青年小姐游，认干女儿甚多"的，应该不是铸秋而是马君武。铸秋是端木恺（1903—1987）的字，留学美国密歇根大学并获法学博士学位，归国后曾任复旦大学法学院院长、国立中央大学教授、安徽省民政厅厅长等，此际与陈克文同任武汉国民政府参事，年纪尚轻，是认不了大龄干女儿的。出生广西桂林的老乡马君武（1881—1940）则正是做"干爹"的好年纪；遥想作为中国近代获得德国工学博士第一人，有"北蔡（元培）南马"之誉的广西大学的创建人和首任校长，并曾担任过北洋政府司法总长和教育总长的中国国民党元老级人物，也曾在九一八事变后在上海《时事新报》发表《哀沈阳》（赵四风流朱五狂，翩翩胡蝶最当行。温柔乡是英雄冢，哪管东师入沈阳。/告急军书夜半来，开场弦管又相催。沈阳已陷休回顾，更抱阿娇舞几回。）讽刺张学良沉湎声色，不意他自己也有如此韵事。哈哈！至于"陶希圣、若渠"，也同样声名显赫。陶希圣是中国社会经济史研究的大师级人物，抗战全面爆发后，携笔从政，成为蒋介石的委员长侍从室成员，却跟汪精卫打得火热，成为汪伪宣传部部长，并出走河内，好在迷途知返，回归后再度进入蒋的侍从室，并任少将组长；此际当是出任国民党中宣部下设研究国际问题的"艺文研究会"设计总干事兼研究组长（周佛海为总干事）之时。若渠是著名美术理论家滕固的字，1931年获柏林大学美术史博士学位，此际也与陈克文同任参事之职，但不久就出任由国立杭州艺专和国立北平艺专合并成立的国立艺专校长了。

著名的"合肥四姐妹"的大弟弟、毕业于清华大学历史系并曾受业于陈寅恪先生的张宗和教授，1938年春夏在汉口国民党"军委会战地服务团"犒赏科任职的半年左右时间里，也曾多次出入冠生园，席上故事也相当精彩：

1938年4月30日：五弟请他先生陈之迈……一同到冠生园去。陈之迈，在清华时听过他演说，很会说。陈太太黎宪初（黎锦熙的女儿）是方玮德的情人，方玮德死后，我记得纪念他的文章，要算黎做得最好了，是真情，不想她这样就和陈之迈结婚了。我得去打听打听，他们是怎么好上的。吃的还不错，五弟出钱，饭后教育部的车子又送我们回来。

1938年5月1日：回家正换衣裳，L来了，一会儿，黄先生也来了。我们去冠生园吃饭，一共喝了半斤青梅酒，还不错。

1938年5月10日：晚间纪先生请吃饭，在冠生园，许多客人来了，凌先生从香港回来了，也在这儿吃饭。

1938年5月11日：许先生请吃饭，也在冠生园。

1938年5月31日：一个人到冠生园去吃了早点，吃了一杯橘子水。

1938年6月15日：送了人（准恋人幺小姐）

回来，到冠生园吃东西，回办公厅，写张条子销了假。把薪水拿了，是五十块，心里不舒服。（《张宗和日记》第二卷，浙江大学出版社 2019 年 10 月版，第 191—192、195—196、204、212 页）

陈之迈是清季岭南大儒陈澧的曾孙，从清华大学留学美国俄亥俄州立大学，获哥伦比亚大学哲学博士学位，回国先后任教于清华大学、北京大学、南开大学、西南联大及中央政治学校，后成为著名的外交家。关于他与黎宪初的关系，从《吴宓日记》看，可能还有女追男之嫌呢，因为吴宓真心追求她，发现她心系陈之迈，而且于陈之迈风流往事包括叔嫂之爱，概不介怀，遂转而玉成之：

1937 年 11 月 25 日，长沙：上午 9∶00 至黎宅，宪初与僾夫夫妇方进西式早餐，糕点丰美，邀宓同食……宓一向心爱宪初甚，惟以 K 故，遂未求取。然揣度宪初之心，盖深感激宓而未必爱宓。在北平时，宪初还我书，中误夹纸条，随意书写陈之迈之名，宓为心动。时在宓中央公园请宴之后。日前（十一月二十日）在此初见宪初。宪初述南下途中情形，无意中，亦云："在天津火车中，遇见清华教授陈之迈等多人。"以此微事，宓断为宪初心实爱迈。而日来迈屡邀宓与 Richey

深夜茗谈，亦言及宪初。谓彼如择妻，必取若宪初者（聪明干练），而不取若K者（天真幼稚）。盖彼经验甚多，故亦要有经验之女子，方觉有趣味云云。又日前宪初母独与宓谈。深称宪初之孝，述其久病情形，仍盼宓能为介绍佳偶云云。宓遂有宴客之计划。故今晨先询宪初能否赴宴（大病初愈），并告以拟请何客。宪初答以可，但云"到湘未赴宴或访友，于先生为初出也"。此宓今晨访宪初之目的。其弟妇（法女）误以宓为宪初之爱人，每从旁促宪初曰："你现在应当唱歌，应当唱歌了。"（原法语，今译）

1937年12月3日，长沙：宓衔迈命，至黎宅请宪初明晚赴宴。宪初慨允。宓告宪初以迈在美国与犹太美妇同居二年事。宪初认为"此无可非议"。宓于是知宪初已倾心于迈，正如1932年J之倾心于何永佶而宪初之于迈更类似Amelia Sedley之于George Osborne（《名利场》中人物）也。宓不禁怅然如有所失。11：00归。是日正午，似为毛子水请宴，肴馔甚丰。在某酒馆。客仅宓及K、慈、婉而已。

1938年1月22日，衡山：叶公超由长沙归校，言宪初与陈之迈踪迹极密，传将订婚。然迈在平津曾与其嫂相爱，同居二载，关系未断。今迈对宪初是否诚心，恐宪初受损。杨振声君等，谓当请宓以此事告宪初，俾知所戒备。宓已闻贺麟言其大略。宓本爱宪初，况负介绍之责，遂即致宪初长函委婉陈述。此函寄宪初家中，乃函发不久，即接结婚喜帖，知宪初已与迈于本月十六日，在三和酒家结婚矣。宓深虑函送至新宅，为迈所见，迈必恨宓甚也。（幸无此失，见下记。）（《吴宓日记》第六册，生活·读书·新知三联书店 1998 年版，第 261—262、267—268、284 页）

抗战胜利后，张宗和又于 1947 年 10 月从故乡苏州来到西部的贵州大学任教，1948 年暑假时回乡探亲，重临武汉，也没忘记再上冠生园："（7 月 9 日）一切弄定规，晚上到冠生园吃饭。"（《张宗和日记》第四卷，浙江大学出版社 2021 年版，第 308 页）

既然陈克文、张宗和多上最好的冠生园，当然也会上其他的粤菜馆，比如前述各指南中载录的广州酒家："1938 年 2 月 2 日，武汉：露莎来电话，约到广州酒家晚饭，同席为朱纶、黄山农、叶蝉贞。"（《陈克文日记》，社会科学文献出版社 2014 年版，第 171 页）"1938 年 5 月 3 日：中上下班回家，季先生有条子请我，广州酒家……季先生是海门人，在政治部工作。"（《张宗和日记》第二卷，浙江大学出版社 2019 年 10 月版，第 193 页）顾颉刚先生也曾履席此地："1937 年 9 月

20日，汉口：在广州酒家吃饭。饭后偕同承彬访章雪舟，遇之。"（《顾颉刚日记》第三卷，台北联经出版公司2007年版，第694页）一些学校聚餐也选择广州酒家，可见其颇受大众欢迎："武汉（文华图书馆专科学校）同门会，于五月三十一日，在汉口江汉路广州酒家开本学期第一次学会……"（《同门消息：武汉同门会》，载《文华图书馆学专科学校季刊》1936年第8卷第2期，第119页）

陈克文先生写到的大同酒家和大三元酒家，无论在何地，都是有名的粤菜馆："1938年5月11日：王志远约午饭于民生路大同酒家，均说广州话之朋友。""1938年5月26日：王志远邀晚饭于大三元。"（《陈克文日记》，社会科学文献出版社2014年版，第213、219页）张宗和则连"顶蹩脚"的粤菜馆都吃过："1938年5月15日：（和黄源礼）下（蛇）山吃饭，想找湖南、四川的馆子，没有找到，找到一家顶蹩脚的广东店，吃了两块多钱，就只有汽水好。"（《张宗和日记》第二卷，浙江大学出版社2019年10月版，第197页）

至于唐鲁孙先生能在武汉的江浙菜馆大吉春吃到地道的广东潮州菜，那不仅是粤菜的光荣，也可见粤菜的影响：

汉口青年会对门有一家三层楼的饭馆，叫"大吉春"，楼宽窗明，大宴小酌，各不相扰。整桌酒席是江浙口味，小酌便餐则潮汕淮扬兼备。潮州厨师做鱼翅是久负盛名的。大吉春的大虾焗包翅，一般吃客都公认是他家招牌菜，鱼翅发到适当程度，用火腿鸡汤煨好，然后再用明虾来焗，翅腴味厚，虾更鲜美。当时青年会总干事宋如海非常好客，遇有嘉宾莅临汉皋，总是信步到对门大吉春小酌，虽然是小吃，他经常喜欢点一只大虾焗包翅。那时物价便宜，所费不多，小吃而用包翅算是够体面的了。梅县谢飞龄兄当年任大智门统税查验所所长，他说："想不到在汉口能吃到真正的家乡（潮汕）菜，真是件不可思议的事。"（唐鲁孙《武汉三镇的吃食》，见《酸甜苦辣天下味》，广西师范大学出版社2008年版，第79页）

陪都即食都

民国重庆的粤菜馆

抗战时期，国统区有一句流行的名言或者名谚，叫"前方吃紧，后方紧吃"，也就是说前方在打仗，紧张得要死，包括士兵衣食都无着，后方则歌舞升平，大肆吃喝。这是有事实根据的，尤以陪都重庆最为典型。

○ 陪都食风 ○

先说说前方的情形。1943 年 7 月 28 日，卸任驻美大使尚未归国的胡适在日记中说："费孝通教授来说道，他谈及国内民生状况，及军队之苦况，使我叹息。他说，他的村子里就有军队，故知其详情。每人每日可领二十四两米，但总不够额；每月三十五元，买柴都不够，何况买菜吃？如此情形之下，纪律那能不坏？他说，社会与政府仍不把兵士作人看待！"(《胡适日记全编》第七册，安徽教育出版社 2001 年版，第 534 页)著名社会学家陈达写于 1945 年 1 月 28 日的一篇文章更写到士兵饿死的情形："由广西柳州运兵入云南，曾派某军官押运，此人在昆明市外西北五里许黄土铺住宿，该地保长负招待之责，据其自述，一路饿死或病死的兵颇多。押运官到昆明市后，即向负责机关领粮，但减价出售款归私有。士兵大致吃稀饭，难得一饱。士兵夜间许多人共宿一房，无床和被，少数人能坐，多数人站立。次晨开门，有人依墙而死。过此往楚雄交兵，据估计自广西柳州至交兵地点，死亡的士兵约占一半。"(陈达《壮丁押送员的素描》，见《浪迹十年之联大琐忆》，商务印书馆 2018 年版，第 54—55 页) 士兵的这种惨状，西南联大校长梅贻琦先生早有亲录：1941 年 6 月 5 日，他自重庆乘船去泸州途中，看见舱房"门外兵士坐卧满地，出入几无插足之处，且多显病态，瘦弱之外，十九有疥疮，四肢头颈皆可见到，坐立之时遍身搔抓。对此情景，殊觉国家待此辈亦太轻忽，故不敢有憎厌之心，转为怜惜亦"；梅贻琦等旅客在"船上三餐皆为米饭，四盘素菜，略有肉丁点缀"，但"兵士早九点吃米饭一顿（自煮）后，至晚始再吃。下午门外有二兵以水冲辣椒末饮之，至天夕又各食万金油少许，用水送下。岂因肚

中饿得慌而误以为发痧耶"！(《梅贻琦西南联大日记》,中华书局 2018 年版,第 48 页)

至于后方的紧吃,虽然蒋介石通过开展新生活运动及给酒席限价,他本人平日只喝白开水,生活也可谓俭朴,但自郐以下,无复论矣。从国民政府行政院负责总务人事的参事陈克文的日记中,我们就可以找到充分的例证;他上通行政院长甚至蒋介石,下及很穷困的公务人员,所见所闻,自然堪为典型。比如 1938 年 8 月 19 日他在时任国民党副总裁汪精卫处吃饭喝法国红酒,自觉有些过分,但也认为不算啥,因为奢靡之风,遍被陪都——"重庆有名厨'姑姑筵'(系商标之名)者,筵席费因受节约运动之限制,仅取八元,惟另取酬劳金:登门卅元,出门城内六十元,城外二百元,迎者仍不绝,可谓豪矣。"以至于"汪先生闻此,对目前之节约运动深致怀疑"。

其实焉用怀疑,行政院长孔祥熙这位"宰相",就一直在带头搞奢靡之风,而且一直主动违反新生活运动之规定。早在南京做行政院副院长时,一次(1937 年 11 月 5 日晚)各部会长官欢宴他老人家,那奢华气派就让陈克文瞠目:"主人十五人,客一人,共费一百九十余元,仅烟酒一项便是五十元左右。富人一席宴,穷人半年粮,真不虚语。际此国难万分吃紧,前方浴血博战,国土日蹙之时,最高长官对于宴会所费,仍毫不吝惜,无一不以最上等者为标准,亦可叹也。"到了重庆,做了院长,虽然遵令制定了一些生活规则,比如行政院不宴请参政员,但别人不敢请,孔院长却亲自来请,而且亲自安

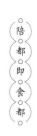

排大超规格事宜："（1938 年 10 月 27 日）孔院长忽然要宴请参政员驻会委员"，仍宴必求奢，"新生活运动规定每桌八元，我们可以要每桌十二元的"，"事实上庶务科定的菜馔每桌还是十六元的"，超了一倍。又有一次（1940 年 1 月 12 日）请行政院各部会的部次长、委员长、副委员长到嘉陵江畔新落成的外宾招待所吃晚饭，吃得在座的许多人都大发感慨："有些人望望堂皇的饭堂气象，望望丰富的肴馔和不可多得的黄色牛油，很有感慨的说，到底我们中国伟大，打了两年多的仗，居然还可以建造这样的新式建筑，居然还有这样讲究的西菜可吃，法国和德国打仗还不到半年已经要计口授粮了。"中国植物细胞遗传学的奠基人、首届中央研究院院士李先闻教授 1944 年 8 月至 1945 年 6 月受农林部派遣赴美接受善后复员训练，则以亲身经历描述了一种完全相反的情形："初去美时，吃得尚称无限制。整块牛排，有二寸厚，半尺见方，馆子里都可买得到。但到 1945 年春天，到馆子就只能买碎牛肉饼和鸡杂了。好的部分都送到前线给士兵享受……"1945 年 6 月回川以后，见在成都的世家豪族还大鱼大肉，"歌舞升平，酣醉通宵，哪像战事正殷景象"。（《李先闻自述》，湖南教育出版社 2009 年版，第 174 页）

那么，孔祥熙有多少私人宴请是假公之名？"（1940 年 4 月 13 日）核了一批院长机密费开支的账目。孔院长请客的开销最大，每个月总在二三千元，每一次请客每桌筵费多者七八十元，少亦四五十元，水果烟酒还不在内。今日接到国防委员会蒋委员长的命令限制公务员宴会：此后非机关核准，认为公务上必要者，不许宴客；经核准的，每客所费亦不得超过二元五角。将来各机关和公务员是否能切实奉行自然很成疑问，长官如不能以身作则，更行不通。孔院长这种请客能受限制吗？我想决不会有所变更的。只许州官放火不许百姓点灯，政府许多法令之所以行不通，这也是一个原因。"如此"只许州官放火不许百姓点灯"，使孔祥熙遭到了社会部长谷正纲的公然讥刺："本星期二（1943 年 5 月 27 日）院会席上，提到公务员生活补助费事，孔院长说，公务员生活困苦，余所深悉，但国库负担过重，一时想不出好办法；社会部长谷正纲说，安得无办法，有钱的人多出些钱可矣，还说了些其他的话。所谓有钱的人，其意即指孔院长。孔含怒说：'谷部长你常在外骂孔某人有钱，革命党并不是人人皆系穷光蛋，有钱人参加革命的也不少，孔某人并不是参加革命之后才做生意赚钱的。'你一言，我一语，形势殊严重。此殆半年来院会之最可记录之事矣。"真可谓贻笑大方的丑闻了。

回头说他们那些小公务员有多苦。陈克文日记中也有写道："（1940 年 11 月 7 日）经济部的人说，某科员子女五六人，只能用盐拌饭吃，买不起蔬菜，更买不起肉类。""（1943 年 1 月 17 日）唐文爵从青木关来，诉说物价高涨，生活困苦。看他消瘦如野鹤，公务员的苦状已毕露无遗矣。"且不说这些小公务员，即便清廉的高官，也同样是清苦的：行政院政务处处长蒋廷黻的日常生活主要靠"每三个月分配到面粉一袋，每一个月分配到菜油 72 两，都不足用"；"她（蒋夫人）的幼子四宝患肺炎初愈，劝她买点猪肝给他吃。她说，价钱太贵了"。（《陈克文日记》，社会科学文献出版社 2014 年版，第 258、123、291、507、549、717、639、667、766、817 页）

上有所好，下必甚焉。这在陈克文日记中也有所反映。比如 1939 年 4 月 7 日，"（外交部总务司长）徐公肃（据刘国铭主编、团结出版社 2005 版《中国国民党百年人物全书》第 1958 页，徐 1937 年 6 月 10 日任外交部总务司长，1941 年 12 月 18 日免职）邀晚饭于飞来寺外交宾馆，客人有《中央日报》的社长程沧波、中央通讯社社长萧同兹、总编辑陈博生，此外为铸秋、公琰和初次见面的朋友，共十一人。餐是每客两元的西菜，酒却是每瓶五十元的洋酒白兰地。白兰地喝了一瓶半，差不多一百元。酒是外国来的，牛油也是飞机从香港带来的。在这时候我们居然能够喝到洋酒和 [吃到] 香港的牛油，不能不说是一件了不得的事。这些东西自然是为外宾预备的，我们不过揩油而已。但问良心总是不安的"。这是抗战初期的公宴。及至抗战后期的私宴，也同样追求豪奢："（1944 年 5 月 24 日）郑道儒（贵州省政府秘书长）假铸秋寓请吃晚饭，席中均系行政院同事。厨子是有名的顾家厨（顾祝同的厨子），菜品有虾蟹、青鱼、鳅鱼、田鸡，都是目前不容 [易] 得的珍馐，耗费总在一万元以上。公务员生活虽苦，这种宴会也不是一般老百姓所能享受的。"而与粤菜有关的则是："（1940 年 11 月 19 日）曾养甫和甘乃光请我和之迈到他们那里吃乳猪。曾

陪都即食都

151

养甫自诩他的厨子是一个数一数二的能手。菜确很不错，难怪他自己吃得又肥又白。他说乳猪只不过几元的价值，可是烧烤的用炭却费几十元，这也是一件怪事。"（《陈克文日记》，社会科学文献出版社 2014 年版，第 373、818、642 页）曾氏的豪奢，陈克文觉得怪，西南联大校长梅贻琦则觉得愧："（1941年 10 月 13 日）晚曾养甫请客在其办公处（昆明太和坊三号），主客为俞部长，外有蒋（梦麟）夫妇、金夫妇及路局数君。菜味有烤乳猪、海参、鱼翅；酒有 Brandy，Whisky；烟有 State Express。饮食之余，不禁内愧。"（《梅贻琦西南联大日记》，中华书局 2018 年版，第 102 页）曾养甫（1898—1969），广东平远县人，1923 年天津北洋大学毕业，后赴美国匹兹堡大学研究院深造，1924 年与同学陈立夫同获矿冶工程硕士学位。（《成败之鉴：陈立夫回忆录》，台北正中书局 1994 年版，第 33 页）1925年初回国，历任国民革命军总司令部后方总政治部主任，南京国民政府建设委员会副委员长，中国国民党第三、四届中央执行委员，广州特别市市长，广东省政府财政厅厅长等，1938 年后任滇缅铁路督办公署督办、交通部部长兼军事工程委员会主任委员。得此肥缺，自然豪奢无忧，但也实在过分！不过他也做了件"大好事"，就是高薪礼聘蒋梦麟为顾问："（1942 年 4 月 2 日）孟邻师相告，曾养甫聘其为滇缅（公路）局顾问，月薪一千元，生活问题差可解决。师每月所入不足三子读书，月有亏空。近来全校人人不得了，然其尤甚者，莫师与月涵先生若。日前月涵（梅贻琦）先生女公子得西人家馆，月入可千元，今师亦得

此，可稍免张罗之劳矣。"（《郑天挺西南联大日记》，中华书局
2018 年版，第 535 页）

○ 粤菜盛事 ○

重庆是历史文化名城，古巴郡、江州和后来的渝州、重庆
府治地，1890 年中英《新订烟台条约续增专条》使重庆成为通
商口岸，1895 年《马关条约》又使重庆成为中国第一批向日本
开放的内陆通商口岸，因之英、日、法、美、俄、德总领事馆陆
续设立。1929 年重庆正式建制为国民政府二级乙等省辖市，从
商埠向都市转型，特别是 1937 年底升格为陪都之后，五方辐辏，
始底于成。餐馆业尤其如此，大作家张恨水即有及时敏锐的观
察："客民麕集（重庆）之后，平津京苏广东菜馆，如春笋怒
发，愈觉触目皆是。大抵北味最盛行，粤味次之，京苏馆又居
其次，且主持得人，营业皆不恶。其理由如下：冠盖云集，宴
会究难尽免，一也。入川之人，半无眷属，视餐馆为家庖，二
也。莼鲈之思，人所俱有，客多数日一尝家乡风味，三也。就
地取材，设置较易，四也。（廿七年十一月廿日晚，密雾笼山，
寒窗酿雨，书于枣子岚垭寓楼灯下。）"（张恨水《重庆旅感
录》，载《旅行杂志》1939 年第 13 卷第 1 期，第 52 页）

从当时的旅行指南书，也可以看出这一发展变迁之迹。
1933年版《重庆旅行指南》，餐馆介绍甚简略，特别是外地餐馆，只介绍了寥寥几家，如天津的宴宾楼、中和园，浙江的大庆楼，广东也只介绍了位于小梁子的醉霞酒家一家。（唐幼峰编，重庆书店1933年版，第五编《食宿游览》，第88页）而1944年版《重庆旅行指南》，虽然餐馆介绍同样简略，但粤菜馆却多好几家："粤菜有冠生园、广东大酒家（皆民权路）、南京酒家（复兴路口）。"其他菜系除川菜外则只介绍了民族路的京沪菜震记与五芳斋。（唐幼峰编，重庆旅游指南社1944年版，第五章《生活状况》，第37页）由此可见粤菜在重庆的地位相对突出。杨世才所编重庆书店两个版本的《重庆指南》，对粤菜馆的介绍大体相同，但有所侧重，1939年版有都邮街的冠生园、会仙桥的广东南园酒楼和县庙街大三元广东酒家，1942年版则介绍了民权路的冠生园、广东大酒家，民族路金石院巷口的广东国民酒家，以及林森路十三号的冠生园，冠生园可谓一枝独秀，独中"两元"。杜若之巴渝出版社1938年版的《旅渝向导》只介绍了两家粤菜馆，醉霞酒家再度上榜，地址却变成了会仙桥，不知是否迁址所致；另一家则是龙王庙的广州酒家。陆思红的《新重庆》在突出"重庆菜馆之多，几于五步一阁"，且"午晚餐时，试入其间，无一家不座无隙地"的同时，也突出粤菜馆的地位："所谓下江馆，当包括各地而言，如冠生园、大三元等，皆以粤菜著名。"（中华书局1939年版，第167页）官方的社会部重庆社会服务处1941年印行的《重庆旅行向导》，在介绍重庆著名外地中餐馆时，更是大大突出了粤菜馆，一下子介绍了九家之多：粤味有林森路大东、林森路大三元、民族路国民酒家、民族路清一色、民族路四美春、民权路广东酒家、民权路冠生园、民生路广州酒家、民生路陶陶酒家。

至于这些粤菜馆当年的盛况如何，我们还得从时人的日记、笔记中去考察，同时也可资弥补简略的指南类图书介绍之不足——偌大之重庆市，如此高格之粤菜馆，绝不止那区区数家。

为我们留下记录最多的恐怕非顾颉刚先生莫属；顾氏是当红的大学者，也是著名的学术领导者，故每至一地，无不诗酒流连，应酬频繁，以致他小学的同窗好友叶圣陶先生在 1938 年 10 月 8 日日记中都连连感叹说："颉刚真是红人，来此以后，无非见客吃饭，甚至同时吃两三顿。彼游甘肃、青海接界之区，聆其叙述，至广新识。不久彼即离此前往昆明，云拟在郊外觅居，以避俗事。然恐避虽僻，人自会追踪而至，未必便能真个坐定治学也。"（叶圣陶《我与四川》，四川文艺出版社 2017 年版，第 57 页）他的诗酒流连之地，当然少不了粤菜馆，这多少也与其曾任广州中山大学历史系教授兼系主任、图书馆中文部主任等职有关吧。

在列叙顾氏重庆粤菜馆生涯之前，我们不妨先简单介绍一下他抗战期间的行止。抗战全面爆发后，学校和学人均纷纷南迁，顾氏则于 1937 年 9 月获中英庚款管理董事会之聘，任补助西北教育设计委员前往甘青宁考察教育。1938 年 10 月始赴昆明云南大学任文史教授，兼北平研究院史学研究所历史组主任。1939 年 9 月转任成都齐鲁大学国学研究所主任。1940 年 6 月赴重庆任国民党中央党部文史杂志社副社长（叶楚伧任社长，顾主持社务）。1941 年 11 月应顾孟余之邀兼任中央大学教授并当选国民参政会第三、四届参政员。1944 年 11 月再回任成都齐鲁大学国学研究所所长。1945 年又任复旦大学教授并兼任北碚修志委员会主任委员及中国出版公司总编辑。1946 年 2 月离渝。（顾潮《顾颉刚年谱》，中国社会科学出版社 1993 年版，第 278、281、289、295、297、305、307、309、311、319、321、324 页）自到重庆任职后，其间虽曾离渝赴蓉，但因为文史杂志社职始终未辞，还有其他诸多重庆的政学兼职，故始终在重庆时间为多。他曾自谓流连诗酒很多是出于工作需要，比如每月四千元的《文史杂志》主编费，便基本用于跟作者见面谈稿子了。（按：此说见于顾潮《顾颉刚年谱》1944 年 4 月所记，说是出自 1945 年 4 月 6 日日记，但查联经版《顾颉刚日记》皆不记。）

顾氏在重庆第一次上粤菜馆的记录是 1941 年 1 月 31 日："饭于大三元……今午同席：予（客），张姑丈夫妇、子丰夫人、珍妹、子丰二女（主）。"而 1 月 29 日他还在日记里说："米贵至三百元以上一石矣，肉贵至三元以上一斤矣。大家觉得生活煎迫无法解决，一见面即谈吃饭问题。今年如不反攻胜利，许多人将死。"（《顾颉刚日记》第四卷，台北联经出版公司 2007 年版，第 478 页）大有即使饭吃不上，馆子还是要上的味道。

大三元是重庆著名的粤菜馆，早在 1938 年 9 月 24 日，《中央日报》即有大三元酒家招待新闻界月饼的报道。《宇宙风》1938 年第 69 期沧一的《重庆现状》，罗列各商家，可粤菜馆只提到大三元一家："商家呢，有沪杭的绸缎店，有冠龙、大都会等照相馆，有大三元、小有天等吃食店，有苏州南京等处的种种老招牌……"抗战胜利后，国民党中宣部部长梁寒操赴贵州宣慰，两广同乡会在贵阳大三元酒家设茶点欢迎，梁说贵阳大三元比重庆大三元还大，并题写了"贵阳大三元酒家"的招牌，也从侧面反映出重庆大三元的地位。（张祖谋《大三元酒家》，见政协贵阳市委员会编《贵阳商业的变迁》，贵州人民出版社 2012 年版，第 102 页）或许因为大三元的名声，顾颉刚是屡屡与席的：

> 1942 年 8 月 27 日：唐京轩邀至大三元吃饭，晤傅秉常。
>
> 1942 年 9 月 10 日：访唐京轩、龚仲皋，与同到大三元吃饭。
>
> 1943 年 10 月 6 日：到都邮街大三元吃茶。
>
> 1943 年 11 月 2 日：回聚贤处，与诸人同到大三元吃饭。
>
> 1946 年 4 月 2 日：到大三元吃饭……到大三元酒家赴其玉宴。（《顾颉刚日记》第四卷，第

728、734页；第五卷，第165、182、634页）

大三元也真还胜流如云。国民政府行政院主管总务人事的广西岑溪籍参事陈克文，在重庆期间上粤菜馆的总次数虽然不如顾颉刚，但上大三元的次数则不相上下，而且更有故事：

1939年1月8日：学生刘宗立邀晚饭于大三元，到内政部司长陈屯，余皆农所学生。

1939年2月8日：晚间刘建明请晚饭于大三元酒家。除了著名的怕老婆的国府委员邓家彦和林翼中两人之外，其余都是不相识的。

1939年12月6日：陈树人夫妇请到城里大三元午饭。甘乃光夫妇、马超俊夫妇、刘薇静均在被请之列。

1940年11月21日：因为有便车进城，和之迈、铸秋同到林森路访出名的女诗人徐芳小姐。后来同到大三元吃午饭。

1943年6月15日：上午和铸秋同车进城，邀律师陈廷锐夫妇吃茶于大三元酒家。

1944年8月16日：因事到市中心区，吃午饭于民权路大三元。(《陈克文日记》，社会科学文献出版社2014年版，第332、347、487、643、726、843页）

著名史学家刘节先生抗战期间在重庆中央大学任教，据说生活极为清苦，但仍多上粤菜馆，其中两上大三元："1939年2月1日：仲博亦来，即与一同至大三元午餐。""1939年7月9日：仲博卧病数日，人觉稍瘦。同至大三元饮茶，谈至十时左右。"(《刘节日记》，大象出版社2009年版，第24、111页)广东梅县籍的国民党党史会编纂林一厂先生（曾兼任总纂办公处秘书）1945年3月10日应陈恺之邀往广东大三元酒家晚餐，还具体地记下了二菜一汤的价目是两千零九十元。（李吉奎整理《林一厂日记》，中华书局2012年版，第532页）

顾颉刚去粤菜馆最早的是大三元，去得最多的则是岭南馆，日记中录得九次：

1943年9月29日：与自珍到岭南吃点。

1943年10月4日：到岭南吃点。

1943年10月10日：与自珍同到岭南吃饭。

1943年10月15日：乘车归，到岭南吃饭。

1943年10月31日：到岭南馆吃粥。

1944年2月1日：与练青、静秋（正式定情后）同到岭南馆吃点。

1944年4月19日：至静秋处，与同出，到岭南馆吃点。

1944年4月20日：到中研院宿舍，邀梁方仲、张子春，同到岭南吃点。

1945 年 4 月 9 日：到岭南吃点。（《顾颉刚日记》第五卷，第 160、164、168、170、179、232、271、272、439 页）

此外，广东酒家也去过九次：

1942 年 10 月 3 日：赵荣光来，同乘汽车至广东酒家吃饭……今午同席：马季明夫妇（客）、赵荣光（主）。

1943 年 3 月 21 日：与舟生、秀亚同到广东酒家吃饭。

1943 年 5 月 13 日：到川盐三里访犁伯，同到广东酒家吃饭。

1943 年 10 月 6 日：到广东酒家吃饭……今晚同席：萧一山、简又文、予（以上客），卫聚贤（主）。

1943 年 10 月 30 日：到益世报馆，为诸人写字。并写仲仁先生挽联。同到广东酒家吃饭。

1943 年 11 月 1 日：回陶园，遇骝先。到广东酒家，赴北大同学会。

1945 年 2 月 4 日：与静秋到广东酒家。

1945 年 2 月 5 日：与静秋同到广东酒家吃点。

1945 年 2 月 6 日：到广东酒家吃点。（《顾颉

刚日记》第五卷，第 178、181、404—405 页）

顾颉刚去广东酒家次数多，陈克文去得也不少，并且说："那里的风味和广州的茶居早市相差不远，有各色的广东点心。"又说："物价虽贵，茶客依然满座。"如此令人信服的史料自然十分难得：

1940 年 4 月 13 日：苏松芬邀往关庙街广东酒家午饭。席中有黄同仇、陈锡珖，均广西参政员，这次从桂林来渝开会的。

1940 年 4 月 14 日：周洪烈请晚宴于广东酒家。

1943 年 2 月 19 日：清晨和加雪到广东酒家吃茶，那里的风味和广州的茶居早市相差不远，有各色的广东点心。

1943 年 9 月 19 日：到临江门邀封禾子吃茶于广东酒家。禾子为自费留学事，正苦无法成行，甚见懊恼。

1943 年 9 月 21 日：清晨应李钰之约，前往广东酒家吃茶，物价虽贵，茶客依然满座。（《陈克文日记》，社会科学文献出版社 2014 年版，第 549、550、681、760、761 页）

从广东南海籍、时任外交部政务次长的傅秉常1943年在重庆二十余天的日记中（1月11日始记，2月6日即离渝赴任驻苏大使），我们看到广东酒家也是他的最爱——上了四次粤菜馆，三次在广东酒家：

1月20日：李卓贤、谢保樵请在广东酒家。

1月25日：六时，刘部长桂龙（傅锜华、张力注：疑为中国国民党中央海外部部长刘维炽）及陈庆云在广东酒家为余饯行。

1月30日：中午麦乃登夫妇请在国民酒家午饭。

2月4日：晨，陈真如请在广东酒家早茶。

[《傅秉常日记（1943—1945）》，社会科学文献出版社2017年版，第5、13、15、18页]

另一个广东老乡林一厂1945年3月13日也跟外交部的梁云从往广东酒家吃过一顿午饭，三菜一汤用了两千元。（李吉奎整理《林一厂日记》，中华书局2012年版，第535页）

叶圣陶1942年去了一趟桂林，途经重庆，也特别来喝过一次早茶："1942年5月5日：晨起著于广东酒家，进点。"（《蓉桂往返日记》，见《我与四川》，四川文艺出版社2017年版，第148页）

当时重庆最大最有名的粤菜馆，则非冠生园莫属："在每个星期日的早晨，重庆冠生园的热闹情形，恐怕是孤岛人士想像不到的。桌子边，没有一只空闲的椅子。许多人站立在庭柱旁边，等候他屁股放到椅子上去的机会。有人付账去了，离开椅子，不过十分之一秒钟，就被捷足先登，古人说席不暇暖，这里的却有'席不暇凉'之概。"并因着"座客完全是上流人"而想象全国的冠生园莫不如是："从清早七时到十时，全国展开着这样一幅图画。"（画师《重庆冠生园的素描》，《艺海周刊》1940 年第 20 期）如此名店，著名的顾颉刚先生自然也去过多次：

> 1943 年 8 月 15 日：到冠生园买月饼。
>
> 1943 年 10 月 2 日：仲皋邀至冠生园茶叙。
>
> 1945 年 11 月 25 日：稼轩来，邀予夫妇同到冠生园吃点。
>
> 1945 年 12 月 28 日：与静秋至冠生园吃点。
>
> 1946 年 4 月 1 日：到冠生园赴宴。
>
> 1946 年 4 月 3 日：自珍来。洪文举、谨载来，同到冠生园吃点。（《顾颉刚日记》第五卷，第131、164、561、577、634、635 页）

两广籍的陈克文又岂可少上冠生园？

> 1938 年 11 月 23 日：（甘）乃光请徐天琛晚饭于冠生园，邀往作陪，九时返寓。

　　1939 年 1 月 7 日：乃光请李任潮晚饭于冠生园，邀往作陪。

　　陈克文关于他自己在重庆上冠生园的最后一条记录，弥足珍贵："1939 年 7 月 27 日：中午应刘昌言、郭松年约，和铸秋同到城内冠生园午饭。五月三日突袭以后，到城里吃馆子这还是第一次。城内的馆子，现在只有两家，每日十一时以后，便关门不做生意，情况殊为凄平寂。城内经过五月六月的突袭和最近两次的夜袭，差不多没有一间完好的房子了。"（《陈克文日记》，社会科学文献出版社 2014 年版，第 304、331、424 页）也就是说，在敌机狂轰滥炸得几无一间好房，别的餐馆都不敢或不愿营业的情况下，冠生园成为硕果仅存的两家开门营业的店家之一，而且可以肯定地说是大餐馆里唯一的一家。如此敬业精神，焉能不成为重庆粤菜馆乃至重庆餐馆业的标杆？！

　　关于冠生园的敬业精神，后人回忆说，首先缘于老板冼冠生身先士卒，率先垂范——1938 年夏天他亲到重庆最热闹的都邮街（现在的解放碑）选定店址（由于生意格外兴隆，后来又在关庙街和道门口设立了第二、第三支店），七年间，除赴贵阳、昆明等分店视察工作之外，大部分时间坚持在重庆一线工作，而且一直是住在冠生园楼上，过着俭朴的生活，从不外宿，更是从不涉足歌舞厅等奢华场所。如此说来，敌人狂轰滥炸时，风险最大的也非他这个民国食品大王莫属了。冠生园的敬业精神还体现在，当其他的知名大餐馆都以承包筵席为主，对零星顾客也只是供应价格高昂的大份菜时，它一反常例，把经营的重点转向大众，撤去了部分雅座，扩展了大餐厅，各种菜式分大、中、小三种，以小份为主，大量供应。并备有快餐及价格低廉的盖浇饭、广州窝饭、广州窝面、鱼生粥、艇仔粥、腊味饭等。又开设卤菜烧腊专柜，并备有包装纸盒，专供外卖。如此焉能不异常兴旺？再则是发挥粤菜的风味特色，特别是早点，供应品种繁多，味道纯正上佳，对顾客来说堪称一种美妙的享受——除定期轮换的"星期美点"，最吸引顾客的鸡球大包、叉烧包、纸包鸡、蛋挞、豉汁排骨等则日常保障平价供应。还有就是对服务招待工作异常重视，并锐意创新。比如雅座房间内陈设有盆景，四壁挂有山水人物画，使顾客感到雅致幽静；大餐厅摆列桌子相互距离较宽，每张桌子都是玻璃桌面，清洁美观；还特制一种高脚靠椅，专供孩童坐用，遗惠至今；所用碗碟，都经过"一洗二清三擦干"并用蒸气消毒；餐厅的厕所是抽水马桶，并由专人负责清洁卫生……这些在今天很多餐馆都未必做得到。（程道生、俞少庵《冼冠生与冠生园》，见《文史资料选辑》第88辑，文史资料出版社1983年版，第227、232、250—252页）

叶圣陶先生则将冠生园作为其宴饮生活的重要参照：1942年5月5日夜，"祥麟以开明（书店）名义宴客，至冠生园。久不吃广东菜，吃之颇有好感。一席价三百元，以今时言之，不算贵。"1938年1月11日的一封信中说："李诵邺兄之酒栈已

去过，二层楼，且买（卖）热酒。设坐席八，如冠生园模样，颇整洁。"也以冠生园为参照来介绍朋友的酒栈。1938年10月8日在致洗、丏、伯、调诸先生信中，说到重庆有名餐馆生生花园，则拿上海冠生园来作参照："规制如上海冠生园农场，本月二日曾与颉刚、元善、勘成前往聚餐，为卅二年前小学四友之会。"（叶圣陶《我与四川》，四川文艺出版社2017年版，第148、6、56页）由此可见冠生园酒楼在他心目中的地位。

刘节先生自奉甚俭，治学甚严，上酒楼甚少，在重庆期间上粤菜馆的记录自然也不为多，但上冠生园的相对次数可真不少，似乎是后来终老粤地的预示似的：

1939年3月4日：访仲博，约中饭在白玫瑰一同午餐。余至冠生园早茶。

1939年3月23日：十一时在冠生园中饭。

1939年4月9日：十一时半至冠生园，遇王毅侯先生，谈二十分钟。……中午与仲博同在冠生园午膳。

1939年6月5日：中饭在冠生园午餐。

1939年8月20日：余至冠生园早餐，牛奶一杯价洋五毛，大为惊异。

1939年8月27日：七时半至临江门，先至冠生园早茶，饮牛奶一杯，马拉糕三方，茶一壶，化洋七毛玖分。

1939 年 8 月 28 日：进城，在船上与傅乐焕相遇，立谈至临江门。余坐滑竿上坡，在冠生园饮牛奶一杯，即至米亭子访书。

1941 年 7 月 14 日：五时半进城，先至冠生园早餐。（按：本年甚少记饮食事）（《刘节日记》，大象出版社 2009 年版，第 43、54、64、94、131、134、135、228 页）

清华大学校长、西南联大校务委员会主席梅贻琦先生因为工作关系，时至重庆，偶上粤菜馆，两记冠生园，两记广东酒家，但与席者可都是大名流：

1941 年 5 月 26 日：晚七点林伯遵之约在冠生园，有翁部长、吴华甫、包华国、王浦诸君。

1943 年 1 月 2 日：下午三点清华同学会在广东酒家聚餐会，到约百人，以洪深为最老。

1943 年 1 月 3 日：中午联大同学在广东酒家聚餐四桌，田伯苍、杨西昆均在座，晚司澄等组设全华会计师事务所者约在冠生园餐叙。（梅贻琦《梅贻琦西南联大日记》，中华书局 2018 年版，第 42、137 页）

常任侠途经重庆，也曾两上冠生园："1941 年 3 月 6 日：

晨入城，与周（轼贤）君至冠生园进餐。""1944 年 7 月 6 日：晨应陶行知邀赴冠生园早点。"（《战云纪事》，海天出版社 1999 年版，第 313、537 页）林一厂先生 1945 年 11 月 9 日与江东、陈恺、谢叔伟、叔润、林菊如等去冠生园吃早点，"余特加鱼粥一碗，价六百元"，点出了广东特色。（李吉奎整理《林一厂日记》，中华书局 2012 年版，第 687 页）

直到抗战胜利后，媒体还在惦念重庆冠生园，并言及蒋介石曾经光临："冠生园在漕河泾设有农场，将招待新闻界同人前去参观，按冠生园可算是中国第一家粤菜馆。抗战之后，分馆也内迁，在重庆设有农场，当时颇有韵事，因重庆仕女颇喜到这上海化的乡下一游也。有天蒋主席也游到该处，觉得口渴，看见有冠生园农场一所设的茶室，便进去要了一杯咖啡，仆欧看见蒋主席来，都特别起劲，当时物价已涨，普通咖啡约需一二百元一杯，蒋主席不愿吃白食，定要他们开账，结果账开了来，蒋主席认为甚是满意。"（《蒋主席光顾冠生园：洗冠生的月饼理论》，载《东南风》1946 年第 20 期）当此因抗战胜利蒋介石声望最隆之际，媒体大约不致造谣吧。由此也可见冠生园真是"威水"之至。

此外，顾颉刚还去过与"广东酒家"容易相混的广东大酒家四次；据陈克文日记，广东酒家在关庙街，而据杨世才所编重庆书店两个版本的《重庆指南》，广东大酒家则在民权路：

1941 年 11 月 29 日：到广东大酒家赴宴。

1945 年 10 月 13 日：饭于广东大酒家。

1945 年 11 月 16 日：到雁秋处，与张午炎等同到广东大酒家吃点。

1946 年 4 月 12 日：到傅筑夫处，与同到广东大酒家吃点。(《顾颉刚日记》第四卷第 44 页，第五卷第 540、557、640 页）

日记所见，除了上述赫赫有名的粤菜馆，其他粤菜馆顾颉刚也去过不少，比如去过广东味五次：

1943 年 1 月 22 日：许溯伊先生来。与鸿庵同访之，饭于广东味。

1943 年 1 月 23 日：宾四来，同到广东味吃饭……今午同席：宾四、卢逮曾、李素英、陆庆（字勉余）、周蜀云、方一志（以上客），李曼魂（主）。

1943 年 2 月 11 日：到沈鉴处，与同至广东味吃点。

1943 年 2 月 14 日：与鸿庵、得贤同饭于广东味。

1943 年 8 月 12 日：与槃庵到广东味吃饭。(《顾颉刚日记》第五卷，第 15、25—26、27、129 页）

去过广东正大四次：

1945 年 12 月 31 日，重庆：到广东正大吃饭。

1946 年 1 月 3 日，重庆：与静秋、君匋到广东正大吃饭。

1946 年 2 月 3 日：与得贤、诗铭同到广东正大吃点。

1946 年 2 月 4 日：得贤来，同到正大吃点。（《顾颉刚日记》第五卷，第 578、586、602 页）

去过粤香村两次：

1945 年 7 月 16 日：到粤香村吃牛肉面，到新生市场吃叉烧粥。

1945 年 12 月 28 日：与景山夫妇及雁秋到粤香村吃饭。（《顾颉刚日记》第五卷，第 497、534 页）

粤香村也是叶圣陶去过的酒家："1942 年 5 月 7 日：君（吴朗西）来访……知余能余饮，邀往一家售绵竹大曲之店。自菜馆不许饮酒以来，酒店之生意大好，客恒不断，几如茶馆。例不许售荤菜，只备花生豆腐干。各饮酒二两，遂饭于粤香村。"（叶圣陶《我与四川》，四川文艺出版社 2017 年版，第 149 页）

此外还去过含糊其辞称为"广东馆"的不知名粤菜馆三次："1943 年 1 月 8 日：到宣传部访粟显运。到两浮支路口广东馆吃点……请显运在广东馆吃饭。""1943 年 5 月 11 日：到

上清寺广东馆吃点。"以及广东人家、珠江食堂、南国、广东
第一家各一次：

> 1943 年 9 月 30 日：与自珍同到广东人家吃点。
> 1943 年 10 月 11 日：到珠江食堂吃饭。
> 1943 年 10 月 16 日：到南国吃饭。
> 1943 年 11 月 24 日：绍华邀至广东第一家吃
> 牛奶。(《顾颉刚日记》第五卷，第 8、70、161、
> 168、171、193 页）

　　粗略统计，顾颉刚在重庆期间，至少上过大三元、广东大
酒家、广东酒家、冠生园、岭南馆、广东味、粤香村、广东
馆、广东人家、珠江食堂、南国、广东第一家等 12 家粤菜馆，
这不仅超过所有其他人的纪录，也超过所有的重庆指南书的记
录。如此看来，对于我们今天考察粤菜的向外传播，特别是在
重庆的发展，顾氏真是功不可没。
　　可惜当时重庆还有几家有名的粤菜馆，顾颉刚没有提到，
或者忘了记录。比如南园酒家，陈克文先生曾于 1939 年 1 月
9 日应甘绍霖之邀在此吃晚饭。(《陈克文日记》，第 332 页）
刘节先生也曾两度前往，而且初到重庆第一顿饭就是在那儿吃
的："1939 年 1 月 31 日：宿处既定，乃与仲博同至新川旅馆
洗澡理发，晚至南园酒家晚餐。""1939 年 8 月 17 日：晚止戒
严，余方在南园晚餐。"(《刘节日记》，大象出版社 2009 年版，

第 23、130 页）

国民酒家，前面提到傅秉常先生曾履席于此。林一厂先生则曾三上国民酒家：1945 年 3 月 11 日曾应陈恺偕谢士宁之邀"往国民粤菜馆茶点"；1945 年 11 月 8 日又与谢俊英往国民酒家吃早点，并提到"此酒家吃客殷阗，竟有外国人入座者，似美国人"，显见其实力不俗；1945 年 11 月 11 日与谢叔润前往国民酒家时，还遇到一大班老友："途遇陈恺及谢海发，入门见冯绍苏与一妇人（未知是否党史会人员）同桌食饭，伊似讶余亦来此饮酒。旋谢士宁夫妇到，即开席。菜甚丰，惟酒少饮。"（李吉奎整理《林一厂日记》，中华书局 2012 年版，第533、686、689 页）

此外还有刘节先生提到的国泰与陶陶，大抵也是粤菜馆：

> 1939 年 2 月 2 日：晚仲博同事温竞生等八人共宴于国泰饭店，诸君皆广东人，情意至厚，余又饮酒，几至酩酊，幸是黄酒，尚无大害。
>
> 1939 年 8 月 18 日：至陶陶饮茗，至四时半。
> （《刘节日记》，大象出版社 2009 年版：第 25、130 页）

这样，依笔者寓目的文献材料，当时重庆知名的粤菜馆，如果说名流眷顾的粤菜馆至少有 16 家，那么加上时人记述不及而各指南书有记录的醉霞酒家、南京酒家、广州酒家、大东酒家、清一色酒家、四美春酒家，则达 22 家，如果再加上冠生园的另两家支店，则有 24 家了，这明显超过了除川菜之外的所有下江菜系。粤菜的向外发展，不避治乱，均粲然可观，委实值得我们珍视和骄傲。

○ 成都非陪都 ○

成渝为巴蜀两大都市，但重庆后起，终不如成都膏腴之地，饮食繁华，自古而然，因此外来菜系虽因战乱播迁而兴，终不能跟重庆万方云集相比，其实也有外地菜系竞争乏力之故，但粤菜终能占有一席之地。这不独与抗战播迁有关，也与粤人在此经商多年，积累了比较丰厚的实力有关；只待机缘到来，即可使粤菜走出广东会馆，服务大众。何柄棣先生引同治 1873 年《成都县志》卷二称："南华宫，即广东会馆，创建最早，盖乾隆三年 1738 年业已重修。"又说："另成都城外街有'南华宫'若干所。"（何柄棣《中国会馆史论》，中华书局 2017 年版，第 56 页）如此数量的会馆，得聚集多少粤商才兴建得起！

所以，诚如当时的指南书《新成都》所言："四川饮食，虽不及广东富丽堂皇，但小吃一事，广东则不能比美于前，四川饮食，只限成都，他如渝万等处，远不及蓉垣多矣。"但广东大菜，却终胜一筹。故该书即录有福兴街广东经济口味豆花饭店和正科甲巷冠生园两家粤菜馆。（周芷颖《新成都》，复兴书局 1943 年版，第 144、148、150 页）另一本指南书也提到正科甲巷冠生园，称之为"本市最大之粤菜馆，设备周全，清洁卫生"。（山川出版社编《成都指南》，山川出版社 1943 年版，第 160 页）而早在 1938 年，胡天的《成都导览》（开明书店 1938 年版）第 59 页就记载有小巧粤菜馆，这是成都粤菜馆最早的记录；看来直到全面抗战，成都才有粤菜馆的出现呢。并且紧接着又出现了两家粤菜馆："成都的菜馆，大小约共有二百数十家，除了极少数的北方馆与上海馆广东馆外，余下的大部分，总是本地口味……有名的粤菜馆有两家，一是津津酒家，地址在福兴街。一是金龙酒家，地址在北新街。前者于去年九月开幕，后者今春三月才落成营业。这两家广东饭馆，都没有什么特长。如上海北四川路上的良友、曾满记等类饭馆里，最平常的菜，在这里也完全吃不到的。腊味也不轻易看见。她们之所以能存在，大概是用来点缀蓉市的单纯吧？虽然她们不怎样出色，她们的食客却并不少，以粤籍的航空员为大宗。航空员中粤产最多，他们每月收入很丰，不将一部分花在吃故乡的口味上面，那许多钱，岂不将无处赠送了么？"（淳《成都之食：民以食为天》，载《千字文》1939 年复刊第 6 期，第 4 页）把兴起的原因也讲清楚了。

其实稍后还有一家与冠生园差不多齐名的大三元，幸赖顾颉刚先生的日记才让我们今天能够知道："1940 年 1 月 10 日：到大三元吃饭……今晚同席：姜和生、郭凤鸣、王兴和、张载

熙、西山（以上客），予（主）。""1940 年 6 月 8 日：与履安至大三元吃饭。"（《顾颉刚日记》第四卷，台北联经出版公司 2007 年版，第 331、386 页）

吴宓先生认为成都有名的长美轩也是粤菜馆："1945 年 1 月 7 日：5—8 刘芄如来文庙。如约，邀宓至梓檀街长美轩晚饭。粤式，类冠生园。"吴先生之说虽有待考证，但也值得重视，因为他不止一次履席长美轩，如有误判，当会在后来的日记中说明：

1945 年 3 月 18 日：龢请至梓潼桥街长美轩便宴。三人共饮黄酒四斤（每斤＄500）。

1945 年 3 月 29 日：晚 5—9 宴宝、桂、樱夫妇及彬、彦于长美轩（＄5 000）。

1946 年 3 月 22 日：夕刘得天再来访，邀宓至长美轩便宴。

1946 年 3 月 27 日：夕 5—8 请张光裕至长美轩晚饭（＄1 900）。

1946 年 4 月 19 日：正午，荣来，先到新蓉，继改长美轩便宴（＄2 700）。

1946 年 5 月 8 日：11：30 至长美轩赴金大研究院长李小缘宴。

1946 年 5 月 25 日：夕，孙永庆来，陪宓至长美轩，宓宴关公之副官韩秉武及侍从参谋郭铮，

进黄酒（＄4 820）。

1946 年 6 月 29 日：至长美轩走上纯全家请宴，陪济。

吴宓先生还去过一家叫耀华的粤菜馆，可是各家都未提及过的，称得上对我们考察粤菜传播史的一点小贡献："1946 年 8 月 16 日：8：30 访庆，庆请宓同郭铮在春熙西段耀华粤式早餐，进牛肉面为寿。"

吴宓先生打从波士顿的哈佛大学起就喜欢粤菜馆（参见拙文《陈寅恪的波士顿醉香楼龙虾及其他》，载 2019 年 7 月 6 日《上海书评》），到昆明喜欢，到成都也喜欢。成都有冠生园，自然也是非上不可的：

1946 年 5 月 18 日：（送燕京大学第三批师乘车北归后）至冠生园，宓请樱、敬携中斌、仪及宋益清、黎宗献、孙永庆粤式早餐（＄5 000）。

1946 年 6 月 29 日：过午，同济步至冠生园，进茶与糕点，邻座济友代付账。

1946 年 7 月 9 日：偕（郭）仪步至冠生园，章子仲、宋元谊已在。宓于此宴纯夫妇及子女祖桓、祖桂，昌、菜夫妇，章、宋二女生，敬、仪。双份八簋（＄19 200）。

1946 年 7 月 21 日：晨 8：00 至冠生园，请龚

启昌、范琼英夫妇及纯粤式糕点，茗叙（＄3 500）。

（《吴宓日记》，生活·读书·新知三联书店1998年版，第九册第405、455、460页，第十册第22、25、37、45、55、51、77、107、77、83、91页）

最后说一说冠生园一则成都轶事。话说冼冠生在西南开设各地分店时，考虑到对国民党军警和社会各种恶势力滋扰的防范问题，所以选作分店的房屋，都是当地显赫权贵者所拥有的。如重庆分店是租用四川省政府主席刘湘的舅子、师长周晓岚的房屋；昆明分店是租用云南省政府主席龙云的大舅子、财政厅厅长李西平的房屋；成都分店则是租用川康绥靖公署主任邓锡侯的侄儿的房屋。这些房屋都是经过托人说情，重金租到的，既地处闹市，又可得到房主这块招牌的庇护。这在各种人物中产生了相当大的作用，有的"爱屋及乌"，有的"投鼠忌器"，避免了不少事端的发生。重庆分店聘请了袍哥大爷唐绍武为顾问，月送公费五十元。唐常来冠生园餐厅"坐镇"，就像土地庙的对联说的那样："保方清吉，佑四季平安。"（程道生、俞少庵《冼冠生与冠生园》，见《文史资料选辑》第88辑，文史资料出版社1983年版，第235页）如此看来，当时普通粤菜馆真要好好地发展，也并非易事。

诗酒风流

民国昆明的粤菜馆

抗战全面爆发后，重庆成了战时首都，昆明则成了至关重要的后方：一方面以西南联大的西迁为标志，一举成为中国最重要的文化重镇之一；另一方面稍后也成为盟军抗日的后方重镇。兼此二任，各路人马汇集，昆明一时呈现百物繁兴的局面——酒菜馆从来就是繁兴的标志，粤菜馆当然也不可或缺。一方面广东与云南同处大西南，如新儒学大师张君劢《历史上中华民族中坚分子之推移与西南之责任》即作如是观；另一方面地理相近，往来者众，广东人又好吃，且有钱，如时人有观察曰："（联大）同时也有奇装艳服的少爷小姐们，在挥霍着——尤其是广东口音的人。"（慕文俊《联大在今日》，载《学生之友》1940 年第 1 卷第 4 期，第 36 页）这些粤菜馆中，最有代表性的则非冠生园莫属。

○ 冠生园的诗酒风流 ○

冼冠生素抱食品工业（饮食产业）救国情怀，1937 年抗日战争全面爆发，特别是"八一三"事变后，即积极组织公司内迁，并得到当局的大力支持；先以武昌为中心，再次第向西南挺进，由重庆而成都，由昆明而贵阳……据曾任昆明冠生园公司副经理的杨锦荣回忆，1938 年 10 月间武汉、广州沦陷，武汉职工部分撤到重庆，成立冠生园总公司，昆明冠生园的开设便提上日程——一方面冠生园生产所需要的香精、苏打、槐花、泡打粉、可可、咖啡、奶粉等大部分进口原料要经昆明运往重庆，另一方面外省逃难来昆明的冠生园"忠粉"纷纷要求重庆冠生园在昆明设立支店。一年之后，冼冠生颇费心血打通时任云南盐运使兼富滇新银行行长李西平的关系，承租其在黄金商道金碧路的物业，并聘其为顾问以"挡驾"社会上的种种滋扰，使昆明冠生园于 1939 年 10 月 7 日顺利开业。

在以身作则，律己甚严，奉行"四不"主义——不吸烟、不酗酒、不赌博、不讨小老婆的冼冠生的领导下，昆明冠生园出师大捷。首先关于他的工作作风就为人津津乐道。比如他在昆明的住处竟然是在支店楼梯旁的角落里，而且还跟支店经理陈际程同居斗室，理由是便于夜间研究业务，并与职工打成一片。再如他发现昆明一般馆子都不设厕所，认为这既不卫生，对顾客特别是妇女来说也不方便，于是不但建盖了厕所还专门请了一位老妈妈天天打扫。（杨锦荣《冠生园和它的创办人冼冠生》，见全国政协西南地区文史资料协作会议编《抗战时期内迁西南的工商企业》，云南人民出版社1989年版）如此细致周到，焉能不生意爆棚？

冠生园生意兴隆，客似云来，但值得记述的，当然是各界名流，尤其是名师、大师们的诗酒风流。从史料看，首先光顾的是史学大家顾颉刚先生，时在1939年8月31日："与自珍、昌华、湘波同到冠生园进点……今晨同席：许昌华、戴湘波（以上客），予与自珍（主）。"（《顾颉刚日记》第四卷，台北联经出版公司2007年版，第275页）据前述冠生园当事人回忆，冠生园此时尚未开业呢！显然回忆不可靠，当以顾氏日记为准。如此，则顾氏可谓名副其实的冠生园尝"头啖汤"者了。可惜他不久即移席成都以及重庆，去上那边的冠生园了。

其次记述到与席冠生园的大名人是朱自清先生，时在1939年10月24日，也属开业后不久吧："在冠生园参加莘邨女儿的婚礼。新郎是个军官。菜肴不错。"开了个好头，尝了个好新，自然陆续再有光临：

1939年11月14日：访阮竹勋，邀彼至冠生园饮咖啡。

1942年1月20日：在冠生园款待客人，是志趣相投者们。达生安排菜肴，物美价廉。

1942 年 1 月 30 日：F. T. 在冠生园举办晚餐会，菜很好。

1942 年 3 月 10 日：晚 F. T. 邀至冠生园，主客有杨君夫妇。

1942 年 3 月 16 日：邀绍谷至冠生园吃点心。（《朱自清日记》，石油工业出版社 2019 年版，上册第 215、221 页，下册第 6、7、19、20 页）

后面还有好几年，怎么不记了呢？几年内一次都不去是不可能的，但西南联大的教授们以及掌校政者，也多只记到 1942、1943 年，其故安在？即使自己不主动，被动应酬总是难免的吧。像西南联大总务长郑天挺教授，应酬应该不少，也就只记了开业那阵的两三次：

1939 年 10 月 8 日：六时半至冠生园，孟邻师约便饭。

1939 年 10 月 11 日：六时至冠生园与莘田、雪屏公宴文藻、冰心夫妇及今甫。

1939 年 11 月 26 日：以二十四日与孟邻师约请诸公子食点心，特早起，七时半行至才盛巷候诸人。八时半步至金碧路冠生园进广东点心，粤人所谓饮茶是也。（《郑天挺西南联大日记》，中华书局 2018 年版，第 197、212 页）

最后一记点题点得好："进广东点心，粤人所谓饮茶是也。"如果不点明，很多外地人是不太看得明白的；像顾颉刚，写了无数次上粤菜馆"进点"，就是不说"饮茶"。须知粤人的"饮茶"，是以点心为主，茶为辅，而点心又是好吃到不仅能吃饱，而且能吃撑，绝非仅仅"点点心"，过过瘾，不是吃撑了就腻了，而是吃了还想下次再去吃，不仅早上吃，而且是全天候，经常营业到凌晨两点。

西南联大三巨头之一，也是清华校长的梅贻琦先生应酬多些，记得也多些，不过也只记到1943年：

1941年2月15日：九点余又至冠生园，美领馆方钜成、黄荫怀、游恩溥三君之约。

1941年4月5日：七点赴冠生园方钜成新夫妇饭约。

1941年4月25日：王受庆夫妇偕张慰慈来访，稍坐后同出至冠生园"饮茶"。

1941年4月28日：六点半至冠生园应红十字会高仁偶君约，晤美红十字会代表。

1941年9月5日：杨、郑、樊、章、饶、吴、陈在冠生园宴叶、舒，余作陪。

1941年10月19日：下午五点余舒、郑来邀同至冠生园便饭，携酒二瓶往，为查福熙作东，冼冠生来座上谈甚久。

1941 年 11 月 4 日：晚，黄子坚夫妇在冠生园请客，郁文因发烧未往。

1941 年 12 月 4 日：七点半韩慎恭（航校工程处长）在冠生园请客。

1941 年 12 月 18 日，昆明：晚任东伯请客在冠生园。

1942 年 9 月 11 日（按：前 8 月缺）：晚陈福田在冠生园请客，晤 Major Delaney、曾处长、吕处、梅国桢及温德、Drummond。

1943 年 11 月 2 日：晚常委会赴冠生园 Mr. James C. Burke 饭约。（《梅贻琦西南联大日记》，中华书局 2018 年版，第 1、24、29、30、102、106、110、112、117、163 页）

终民国之世，粤菜是高档的象征，冠生园则是高档粤菜馆的代表，但与著名的私房粤菜还是不能相比，早期不能比谭家菜，后期曾养甫的私房菜，也曾令见够世面的梅校长吃得不好意思：

1941 年 10 月 13 日：晚曾养甫请客在其办公处（太和坊三号），主客为俞部长、外有蒋（孟邻）夫妇、金夫妇及路局数君。菜味有烤乳猪、海参、鱼翅；酒有 Brandy, Whisky；烟有 State

Express。饮食之余，不禁内愧。(《梅贻琦西南联大日记》，中华书局 2018 年版，第 103 页）

梅贻琦还与冠生园有一份特殊的因缘，那就是当时西南联大教授生活艰苦，他又高风亮节，所以家计维艰，如他夫人所回忆的："我们和潘光旦先生两家一起在办事处包饭，经常吃的是白饭拌辣椒，没有青菜，有时吃菠菜豆腐汤，大家就很高兴了。"特别是抗战后期通货膨胀厉害，"教授们的月薪，在 1938、1939 年还能够维持三个星期的生活，到后来就只够半个月用的了"。怎么办呢？"只好由夫人们去想办法，有的绣围巾，有的做帽子，也有的做一些食品，拿出去卖。"他的夫人，正是做的食品卖："我年岁比别人大些，视力也不很好，只能帮助做做围巾穗子。以后庶务赵世昌先生介绍我做糕点去卖。赵是上海人，教我做上海式的米粉碗糕。潘光旦太太在乡下磨好七成大米、三成糯米的米粉，加上白糖和好面，用一个银锭形的木模子做成糕，两三分钟蒸一块，取名'定胜糕'（即抗战一定胜利之意）。"做糕容易卖糕难，销售从来是关键。此刻冠生园仗义帮大忙："由我挎着篮子，步行 45 分钟到冠生园寄卖。"如果不是寄卖，他夫人也绝对受不了："由于路走得多，鞋袜又不合脚，有一次把脚磨破，感染了，小腿全肿起来。"如果再守在摊档上半天，她还能动弹吗？（韩咏华《同甘共苦 40 年：我所了解的梅贻琦》，见《天南地北坐春风：家人眼中的梅贻琦》，石油工业出版社 2018 年版，第 25—26 页）

由冠生园代销的事，冯友兰也说到过："梅贻琦夫人韩咏华约集了几家联大家属，自己配方，自己动手，制出一种糕点，名叫'定胜糕'，送到昆明的一家大食品商店冠生园代销。"（冯友兰《我与西南联大》，石油工业出版社 2018 年版，第 17 页）

当然，去冠生园最多，也最具诗酒风流特征的，恐怕非吴宓先生莫属——他既是单身，经常在外觅食；又要恋爱，经常请客吃饭；作为名教授，被请的机会也多。他第一次上冠生园，即不同凡响："1939 年 11 月 17 日：7：00 至冠生园，赴 A. L. Plad-Urquhart 请宴，介识其姊新任英国驻昆明总领事 H. l. Prideaux-Brune 君。肴馔甚丰，酒亦佳。而宓深感宓近者与公宴，论年则几为最老，叙座则降居最末。（今晚即然。其上皆校长、馆长、教务长、院长，宓仅教授而已。）"虽然此宴引发了吴宓的自卑感——"愈可见宓在此世间失败而不容恋恋矣！"但菜馆的档次与饮宴的规格均得以充分体现。

吴宓第一次上冠生园是别人请他，第二次就是他请别人，而且是老外，即是为了他与毛文彦的风流情事：

1940 年 1 月 14 日：10：00 至巡津街商务酒店 Hotel Du Commerce 访 winter 坐廊下，久待。俟其事毕，时已正午。乃邀之至冠生园午餐。

…………

宓又询彦处详情。Winter 谓："此次南来，友托携带一十四岁之中国女儿与俱，由津至港在则

使该女寄居熊宅。以此与熊夫人相见,往还四五次。承邀在宅叙宴叙,均以事忙未及赴。但观熊夫人恒直坐仰视,毫无活泼精神,其心若有甚深之烦扰,而致神志不清。质言之,已近疯狂……"

吴宓第三次上冠生园,则是真正的学人诗酒风流了,即便因为得意门生钱锺书不获重视而感伤,亦属风流别调:"1940年3月11日:7:00至冠生园,赴钱端升、梁思诚宴,饯Winter北归。诸人谈说,皆刻虐。宓所不喜。与F. T.等同步归。F. T.拟聘张骏祥,而殊不喜钱锺书。皆妾妇之道也,为之感伤。"

F. T.即陈福田(1897—1956),F. T.为其英文名Fook-Tan Chen的缩写。陈氏原籍广东,生于夏威夷,求学哈佛大学,获教育学硕士学位,系著名的外国语言文学专家、西洋小说史专家。1923年到清华执教,曾任外文系主任。后任西南联大外文系主任。因为地利人和之便,西南联大师生员工兵分两路西迁时,经香港过越南海防辗转北上昆明的,即由陈福田在香港负责中转接待。由此也看出,他擅长接待应酬,单单西南联大诸公日记中的酒席上就频现其身影。以上冠生园而论,如果他自己有日记的话,肯定是他排第一,而轮不到吴宓;通过吴宓的日记,我们看到他竟然把外文系的系会都搬到冠生园去开:"1940年3月27日:6:30至冠生园。F. T.约便宴,并开清华外文系会。"可见他有多喜欢冠生园。

吴宓 1940 年剩余的五次冠生园之约，也是非诗酒即风
流——林同辖、滕固等属诗酒，重庆来的女诗人徐芳及女生琼
则属于风流了：

1940 年 5 月 6 日：宓如约宴三人（林同辖、
廖增武、颉）于冠生园后厅，进绍酒（＄17）。

1940 年 5 月 7 日：邀固至冠生园早餐，进茶
与粤式糕点（＄3.5）。

1940 年 7 月 14 日：至万钟街耳巷盐政局。候
见徐芳，邀至冠生园早餐（＄3.20）。

1940 年 8 月 18 日：偕至冠生园，芳请早餐。
楼上楼下客座皆满。

1940 年 10 月 30 日：琼请宓至冠生园进粤
式茶点。(《吴宓日记》第七册，生活·读书·新
知三联书店 1998 年版，第 92、118、140、147、
166、193、213、254 页）

进入 1941 年，吴宓全年才上了四次冠生园，何其少也，
而且诗、酒、风流均属平常，真是太平常了：

1941 年 2 月 17 日：晚，（孙福）熙夫妇请宴
于冠生园，并有商务酒店经理刘怀德君。

1941 年 6 月 1 日：6—9 赴 F. T. 别宴于冠生园。

1941 年 10 月 10 日：宓宴诸君于冠生园
（＄71），为饯珏、缃回津。

1941 年 11 月 15 日：谢鸣雄请宴于冠生园。
客为铮、王代之及屠石鸣。遇辉、（梁）琰等。
（《吴宓日记》第八册，生活·读书·新知三联书
店 1998 年版，第 36、94、185、200 页）

好在 1942 年频次大增，录得 12 次之多，以与系主任陈福
田商量系务始，以自己生日宴终，其间则多涉追求张尔琼事：

1942 年 3 月 12 日：晚 6—10 冠生园 F. T. 请
宴，商 T. H. 系务。

1942 年 4 月 4 日：访邵芳于云华，邀芳同水
及翁同文在冠生园便宴（＄53）。

1942 年 4 月 11 日：夕 5：00，衣纺绸长衫至
宁室，麟相送半程。途遇张尧年。吴富恒、榆、
宁俱在。5：30 偕以上三君往邀琼（衣黑圆点白长
衫，白鞋，黑绉裈。盛施脂粉。是夕似甚高兴。），
更偕至南院女舍，邀张苏生、金丽珠（安徽婺
源。母苏州人，生长平津。津中西女学，考入燕
京。弟金连庆。）、李云湘。八人穿翠湖，同入城。
小井巷邀铮，同至冠生园（莲厅）。而张定华（一
向居港，未他往。备历港难。最近间道来昆。危

苦。）已先在。宓宴诸士女于此（姚念华与颉未到。）。肴馔用新定之（甲）单（共＄280），一切由榆助办。座位亦排定，以符介识之意。榆甚能干，诸女亦皆坦爽，惟宁仍恭默。席同禁止用酒，故早毕。

1942年4月27日：请宁冠生园晚饭。

1942年4月30日：水请冠生园晚饭。

1942年5月4日：冠生园久坐，候椿、薇挈子、女来。宓请宴（＄52）。

1942年5月17日：6：00至小井巷铮寓，已先入城去。乃在其门外久立，待Christie来。同入城，铮在冠生园门口候。宓请宴（＄40）。

1942年5月19日：至冠生园橘厅，赴鸣公留别宴。宓与琼分坐。

1942年5月29日：6：00偕水访琼，同出（琼衣深蓝绸衫，便服）。在同仁街大华购Ever-ready 712小电池赠琼。厚德福无座，乃至冠生园。宓请宴（＄51）。

1942年6月5日：铮请宴冠生园饯谢震（鸣雄，浙江海宁）。

1942年6月18日：7：30至冠生园梅厅，赴铮招宴。肴馔美富。张炜文为主办并待，费＄700。盖今日阴历五月初五日，为铮四十生辰。

又与莉已有成言，不殊订结婚契，故铮兴甚豪。宓以对琼方告结束，心中悲郁，故意迟到。且坐邻末席，故意与琼远隔。琼已到，服白长衫，镶宽大红边洒大红圆点（自言到昆明着红衣，此为首次）。莉则着花辫拼合之绸衣。

1942年7月1日：乘汽车入城健群访友，又请冠生园午饭。宓觉不适，欲呕。席间果有欲以其妹进纳于健群以为妻、妾而求汲引得职位者。

1942年8月31日：5：00偕宁至冠生园，宓在此（桃厅）宴客。客为陈毓善、樊筠及钱宗文、宁（＄140），说明为宓生日。（《吴宓日记》第八册，生活·读书·新知三联书店1998年版，第263、275、278、286、288、290、298、299、306、308、318、330、372页）

时入1943年，抗战进入后半程，国力民力消耗渐趋竭蹶，昆明的通货膨胀也愈益高企，教授生活日形艰苦。大约在此情形之下，不仅西南联大诸公录得上冠生园的次数很少，吴宓先生虽然成天在外面吃馆子，也多是摊肆小馆，上冠生园这样的豪华高档餐馆的次数同样锐减，1943年全年仅录得四次：

1943年7月13日：冠生园铮请同莉、元宴。
1943年7月14日：下午2：00：顾元、关懿娴来，合请宓入城（观电影），又合请冠生园宴。
［娴已为约定先修班粤女生黄咏棠（社会系）黄咏荞（外文系）姊妹，招待淑云。］

1943 年 7 月 18 日：元、娴导黄咏荞来。宓宴三女生于冠生园（＄195）。

1943 年 11 月 18 日：晚 5∶30 往邀铮及沈来秋，偕赴《正义日报》社长方国定（一之）请宴于冠生园。

四次之中，两次请女生，两次跟同样处于恋爱中的死党，也即蔡元培前女婿广东人林文铮在一起请女友或被请；想起蔡威廉因为穷困而在家生产终致得产褥热而死，就觉得林文铮的这种诗酒风流有些不能原谅。

1944 年也同样只录得四次。

1944 年 2 月 11 日：至冠生园定（次日婚宴）菜，每席二千六百元，凡定十席。（为善、筠婚事。充女家主婚人。）

1944 年 2 月 28 日：晚 6—10 同铮合宴（每人出＄200）屠石鸣于冠生园。

1944 年 2 月 29 日：同淑在冠生园晚饭（＄120）。

1944 年 5 月 21 日：邀任率淑至冠生园前厅……宓请食粤点及面（＄1 000）。（《吴宓日记》

第九册，生活·读书·新知三联书店1998年版，第203、215、216、266页）

除了一次充当主婚人可能吃得豪华一点外，其余三次差不多相当于现在的"简餐"了。而从吴宓先生附录的餐费中，我们也可清晰看出通货膨胀的程度来。比如1942年8月31日他在冠生园包房过生日，谅其点菜不至吝啬，五个人才花了140元，人均28元。到1943年7月18日，他请三位女生在冠生园吃饭，俗话说女生吃饭像小鸟，谅其点菜不至丰奢，却花了195元，人均49元，涨幅达75%。而到1944年2月底，不过半年之后，他跟女儿在冠生园吃个简餐，人均都要60元，与林文铮请屠石鸣吃顿便饭，人均更达66元，涨幅已达30%多。恶性的通货膨胀还没有到来呢！不过此后吴宓先生已经移席成都，去吃那边的冠生园了，另文已说，此处不赘。不过也约略可以说明后来西南联大诸公为什么少记上冠生园吃饭，可能是因为确实贵，主动或被迫减少了在冠生园的应酬，记无可记。

吴宓先生之外，到了哪里，只要有冠生园、有粤菜馆都会光顾的合肥张家长公子张宗和先生，在日记中也留下好几次上昆明冠生园的记录：

1942年11月1日：（三姑在青年会礼堂办婚礼）还不到半点钟就完了，于是去冠生园吃饭。我们都是熟人做一桌，王力和他太太也在我们这一桌。九小姐不吃荤，买了面包来给她吃，她也是个怪人。饭菜还是不错，吃得很饱，鱼很好吃。

1942 年 11 月 24 日：五点赶到冠生园吃了二百六十元，并不满意。

1943 年 4 月 22 日：从邮局出来，已经十一点多了，到冠生园吃点心，一点也吃不下，精神不济，只想睡觉。

1943 年 6 月 19 日：先到冠生园吃东西……六时我再到"南屏"，票已经卖完……好在还有人送来的票。

1943 年 7 月 9 日：没有吃中饭，（一家人）先到冠生园吃点心，先吃了一盆炒面，大家都吃得很饱。（《张宗和日记》第三卷，浙江大学出版社 2021 年版，第 3、14、54、77、80 页）

张宗和虽出身世家，但毕竟流落西南，谋的又是普通教职，生活本是十分拮据的，不过从这几次记录中，我们一方面看到他世家公子的大方本色，比如"1942 年 11 月 24 日：五点赶到冠生园吃了二百六十元，并不满意"，须知此前三个月，吴宓在此设宴过个生日，也才花了 140 元。另一方面，也可窥见冠生园在艰难时世中放下身段、丰俭由人、以求生存的策略来，即他们一家三口上冠生园，一盆炒面加几样点心，都可以吃得很饱。

此外，浦江清先生在日记中也写到过上冠生园，聊记于此："1942年11月22日：上午褚群（士荃）约余至冠生园进早点。"（浦江清《清华园日记·西行日记》增补本，生活·读书·新知三联书店1999年第2版，第223页）

名家日记中，鲜少有人记录抗战胜利前夕上昆明冠生园的情形，宋云彬这"吃货"（他的《桂林日记》中上酒楼的记录真是频繁）倒是留下了一条难得的记录："1945年3月21日：晚应贺德明之邀，在冠生园聚餐，座有罗幸理、王伯勋及英国新闻处主任马丁等。"（宋云彬《红尘冷眼：一个文化名人笔下的中国三十年·昆明日记》，山西人民出版社2002年版，第86页）

○ 更早的粤菜馆，更多的粤菜馆 ○

冠生园虽是昆明最大的粤菜馆，但昆明其他粤菜馆还不少，尤其是像大三元等，也还不小；无论在哪里，上海、武汉、重庆、成都、贵阳，店名袭自广州顶级餐馆的大三元，都是堪与冠生园相颉颃的粤菜馆，即便在没有冠生园的衡阳等中等城市，大三元仍然是傲立一方的粤菜馆。昆明也是如此。1944年版的《昆明导游》说：

　　说到粤菜，金碧路的"冠生园""大三元"二家可算顶呱呱了。此外"大三元"隔壁的"大昌"，护国路的"大兴馆"，同仁街的"乐园""广东饭馆"也完全是广东口味。广东"乡里"早晨得"饮茶"，其实就是吃点心。坐下来，一壶茶，几盘咸的甜的东西就摆在面前，这盘吃吃，那盘尝尝，倒别有风味。因此"外江佬"也多去"饮茶"。

又说："整桌酒席，以冠生园为宜，因地方宽敞，著名的广东菜还齐。便饭则上述几家都行，什么烧猪肉，腊肠饭，西洋菜汤……一应俱全，滋味也好。"（黄丽生、葛墨盦《昆明导游》，中国旅行社 1944 版，第 190、192 页）

　　上面提到了六家粤菜馆，却漏了目前所能检索得到的最早开业的一家粤菜馆——与冠生园同处金碧路"专售粤味"的岭南楼，只是不知此刻是否已经歇业。（甘汝棠等编《滇游指南》，云南通讯社 1938 年版，第 49 页）而最晚开业的大型粤菜馆，恐怕非南屏街昆明大戏院对门的昌生园莫属；该店1943 年 5 月 16 日才开始营业，但标榜"特聘港粤名厨，庖制纯广州味之粤菜，经济小吃，节约时菜，出堂宴会，皆所欢迎"，并且"附设西点咖啡冷饮"。（《昌生园粤菜室开始营业》，载昆明《中央日报》1943 年 5 月 16 日第 1 版）

　　其实昌生园在昆明早已声名显赫，连冠生园都"望尘莫及"，因为早在 1933 年 8 月 9 日，旅滇"两广"同乡即有在昆

明昌生园聚会发起捐献两架报国机的活动，目标 15 万元迅速完成。（解菲《从捐献看云南抗战承受的损失》，载云南省委党史研究室编《云南省抗日战争时期人口伤亡和财产损失》，中共党史出版社 2016 年版，第 214—215 页）可见在昆明粤商实力之雄厚。那昌生园的水准怎么可能低？不然如何配得起这群富裕的粤商？此刻，冠生园遥望西南的想法可能都还没有产生。只不过此刻的昌生园，可能是早期那种相对纯粹的能吃饱吃好的广式茶楼，而非像后来冠生园这种茶楼与酒楼合一的餐馆，所以才有 1943 年"昌生园粤菜室开始营业"之说吧。

从 1943 年前的文献看，昌生园也确实以"茶"为主，如中国红十字会昆明分会"（一九四〇年元月）十日在昌生园茶会时，到中外宾客记者多人，当场又募得二千元"。（《民国三十年度的"中国红十字周"》，见池子华、崔龙健主编《中国红十字运动史料选编》第九辑，合肥工业大学出版社 2018 年版，第 17 页）又如："云大、联大一九四一级级会，今晚四时半假昌生园举行茶会，招待本市新闻界。"[《联大动态》，见刘兴育《旧闻新编：民国时期云南高校记忆（中）》，云南大学出版社 2017 年版，第 471 页]

吴宓先生也多上昌生园，也主要是"饮茶"：

1940 年 11 月 22 日：5：00 访雪梅。约近 6：00 访颉于兴仁街 42 二楼中央电工器材厂办事处兼住室。已而施□□君、廖增武、林同骕、同

196

珠宋，同饭于太和街昌生园。施君作东。

1941 年 7 月 20 日：偕铮至金碧路。铮邀昌生园饮茶。

1941 年 8 月 14 日：铣请至昌生园饮茶（南屏街）茶叙，宓进可可茶及糖果。

1941 年 9 月 7 日：7：30 至金碧路昌生园三楼，参加吕泳（吕海寰之孙）与张允宜订婚典礼。

1942 年 7 月 23 日：8：00 至太和访吴新炳、汤武杰，请宓同巍楼下昌生园早餐。粤式茶点。又坐谈。（《吴宓日记》，生活·读书·新知三联书店 1998 年版，第七册第 266 页，第八册第 131、133、167、343 页）

其中也有"吃饭"，而且还地点不同，大约是后来开的分号吧。能检索得到的"昌生园"，民国时期长沙、衡阳、桂林等处也有，但都是广东人开的茶楼或餐馆。比如在衡阳，"民国二十八年（1939）广东商人在中山南路开设'昌生园'酒家附设冰柜，专售冰淇淋，衡阳始有冷饮"。（《衡阳市城南区志》，团结出版社 2012 年版，第 247 页）比如在桂林，叶圣陶先生在日记里说："（1942 年 7 月 4 日）四时半韩祖琪、吴朗西（方自柳州来）偕来，邀余与洗翁往桂东路昌生园小叙。昌生园为广东馆，其菜颇可口，使余忆及上海之新雅。"（叶圣陶《蓉桂往返日记》，见《我与四川：叶圣陶的第二故乡》，四川

文艺出版社 2017 年版，第 186 页）新雅可是上海粤菜馆的翘楚，声名地位还在冠生园之上呢。

关于昆明昌生园的地位，我们还可从另一个侧面窥出。《吉林文史资料选辑》上有一篇文章说抗战胜利后任东北保安司令部副司令长官兼吉林省主席的梁华盛（1904—1999），1946 年 6 月中旬在省政府委员会上提出保荐张德为省政府简任参事，并兼任拟成立的吉林省农工矿联营总处长。这张德是什么来头呢？"实际上张是一个十足的商人。抗战时期，他在昆明给梁（华盛）开设的昌生园任经理（等于冠生园之类）。1944 年夏，梁和我说：'张德是一个最能干的买卖人，我全家十几口人的吃、喝、用，全是他给我解决的。'为了保他当简任官，梁当着我面给他造假。"（黄炳寰《梁华盛祸吉记》，见《吉林文史资料选辑》第 18 辑，吉林人民出版社 1987 年版，第 11—12 页）

梁华盛，广东高州人，黄埔军校第一期毕业生。早年参加东征北伐历次战役，1936 年仟国民政府军事委员会委员长侍从室参谋。抗战初期任第 190 师师长和第 10 军军长，1940 年任第四战区政治部主任。1943 年任第 11 集团军副总司令，驻守滇西，协助总司令宋希濂收复龙陵、芒市、遮放、畹町等城镇。1944 年出任军事委员会驻滇干训团（一月后改称西南干部训练团）教育长（蒋介石兼任团长，实际上由梁负责），训练远征军及陆军总部辖下之各级干部，先后受训结业者达 5 万多人，完成美式装备 36 个师、6 个炮兵团、18 个炮兵营。在昆明期间，梁还兼任第五集团军副司令官，与司令官杜聿明联手拱卫昆明。1946年任东北行辕副主任兼吉林省政府主席。

有这样一个幕后老板，昌生园能差吗？在某种方面当有胜于冠生园呢！问题是黄炳寰的话可信吗？经查，黄炳寰，辽宁开原人，东北讲武堂第6期、陆军大学第15期毕业生，抗战期间曾任陆军大学教官，1943年任中国远征军兵站总监部少将副监，1944年任军事委员会驻滇干训团教育处处长，抗战胜利后任东北保安司令前进指挥所参谋长，1946年6月任吉林省政府委员兼吉林省警察总队总队长和警保处长，9月任吉林省保安司令部副司令兼警保处长。跟梁华盛有交集的时期都是其直接下属，所述应当可信。

即便抗战胜利后，大量"食客"还乡，无论重庆、成都还是昆明、贵阳，粤菜馆都受到很大冲击，昆明昌生园犹有流风余韵，比如名教授陶光和滇戏名演员耐梅的婚礼就在此举办，证婚人还是大名鼎鼎的刘文典："1947年10月中旬，陶光和耐梅在太和街昌生园餐厅摆下结婚宴席，办理了终身大事。陶教授和'女戏子'结合，在学界部分同事中啧有烦言。"（甘源《陶光和耐梅》，见《昆明文史资料集萃》第8卷，云南人民出版社2009年版，第6540页）

由于昌生园早期可能是广式茶楼，当冠生园又还没开办时，粤菜馆确实不经见，所以1939年中有人写文章谈到昆明的菜馆，粤菜馆便只提到一家南唐："西菜馆有下江人办的金碧与华山，和附属在旅馆下的商务酒店、乐群招待所、云南招待所，与欧美同学会，还有安南人办的南丰与日新……中菜方面本地馆有海棠春、共和春和东月楼，这都是宴客的地方，小吃是不适宜的。其余有粤馆南唐，湘馆曲园，平馆厚德福、东方，浙馆万胜楼，以及用着本地大司务的再春园、簇云楼、乐乡和新雅。"（吴黎羽《新中国的西便门》，载《旅行杂志》1939 年第 13 卷第 7 期，第 5 页）

昌生园之外，《昆明导游》未提及的还有正义路南国饭店，主打"高尚粤菜"，兼顾"经济小食"。（昆明《扫荡报》1945年 3 月 24 日第 4 版）吴宓先生也曾在此接受吃请："1944 年 1 月 9 日：宓光华街访谭子浓、钱宗文。二君请至近日楼南国酒家楼上午饭。"（《吴宓日记》第九册，生活·读书·新知三联书店 1998 年版，第 186 页）

毕业于西南联大的大吃家大作家汪曾祺先生写到了当年昆明的广东饮食，甚至也写到了广东食店，而且写得比谁都生动，唯一遗憾的是没有点名道姓。如在《五味》中说："广东人爱吃甜食。昆明金碧路有一家广东人开的甜品店，卖芝麻糊、绿豆沙，广东同学趋之若鹜。'番薯糖水'即用白薯切块熬的汤，这有什么好喝的呢？广东同学曰：'好嘢！'"又如《凤翥街》说："有一个广东女同学，一张长圆的脸，有点像个氢气球，我们背后就叫她'氢气球'。这位小姐上课总带一个提包，别的女同学的提包里无非是粉盒、口红、手绢之类，她的提包里却装了一包叉烧肉。我和她同上经济概论，是个大教室，我们几个老是坐在最后面，也就取出叉烧肉分发给几个

熟同学，我们就一面吃叉烧，一面听陈岱孙先生讲'边际效
用'。"（汪曾祺《五味：汪曾祺谈吃散文38篇》，山东画报出
版社2018年版，第121、140页）她的叉烧哪儿来的呢？汪先
生不说了。

最后还要说的是，云南的粤菜馆，肯定不会局限于昆明，
那也才更能显示粤菜的向外传播力。老舍先生1941年11月在
查阜西先生的陪同下往游大理，就发现"在禄丰打尖，开铺子
的也多是广东人"。（老舍《滇行短记》，见施康强编《浪迹滇
黔桂》，中央编译出版社2001年版，第110页）然而，即便在
今日禄丰，也未必觅得出一家两家粤菜馆。由此可见民国时期
特别是抗战期间人流播迁所致各帮各派饮食的广泛传播，这些
史料，虽吉光片羽，也弥足珍贵。

○ 附说西北的粤菜馆 ○

近代以来，粤菜北上逐鹿，东征西拓，不断开疆辟地，即
便极西南之昆明，也早有了粤菜馆，大西北的西安当然也有，
只不过没有昆明这种因缘际会，数量有限，难以单独成篇，故
略附于此。

王望编的《新西安》（中华书局1940年版，第93—94页）

201

说，西安的外地菜馆多集中在东大街："北方口味者有北平饭店、玉顺楼、山东馆之义仙亭，豫菜则有第一楼，均在东大街。代表南方口味者，计有：马坊门之浙江大酒楼，中央菜社，南院四五六菜社，竹笆市之长安酒家，东大街之新上海菜馆（均为江浙菜）。粤菜则有广州酒家与湘菜之曲园均在东大街。"《西北文化日报》（1938 年 8 月 30 日第 2 版）上广州酒家的广告则介绍得相对详细："应时粤菜茶点，著名烧猪腊味，备有经济和菜，华贵筵席，地址东大街四八〇号。"

西安《工商日报》（1938 年 5 月 16 日第 2 版）还介绍过另一家广东餐厅——广东快活林餐厅，同样在东大街："专备粤点南菜，经济小吃，地址：东大街西京电影院隔壁。"抗日战争后期，还出现过一家腊味店兼餐饮店："早点：叉烧包，豆沙包，伊府面，广东粥品。上下午餐：应时饭菜，精致小吃，烧腊卤味，油鸡素菜。新添：伊府凉面，绿豆米汤，绿豆沙。南院门二十四号。"（《广东腊味店夏令出品》，载《西京日报》1945 年 7 月 30 日第 4 版）按照当时的城市规模，一个西安城，有得这么三四家粤菜馆，也不算少了。

闽粤之粤

民国福建的粤菜馆

广东与福建，早期同属百越之地，后期渐渐分化，但也还经常闽越"相连"。比如在南洋地区，华人华侨，几乎非粤人即闽人，非闽人即粤人，数量和声势相埒，故民国著名社会学家陈达调查南洋社会经济文化，著书即用《南洋华侨与闽粤社会》之名，而该书至今堪称经典。特别是粤东潮汕地区，更是与闽南同种同音，饮食风俗也非常一致。即便在珠三角地区，由于广州长期一口通商，闽商得近邻之便，旅居于此者甚众。像十三行最著名的"潘、卢、伍、叶"四大家族中，同文行创始人潘振承祖籍福建龙溪，怡和行创始人伍秉鉴祖籍福建晋江，义成行创始人叶廷勋祖籍福建诏安。梁嘉彬在《广东十三行考》中提及15家行商籍贯，祖籍福建者更多达7人。

在这种族群背景高度关联甚至融合的背景下探讨饮食交

流发展，既是合理的，也是艰难的——通常情况下，相对同质，反而不易交流，也难有发展。但是，虽然在广州长期以来难觅闽菜馆的踪影，在福建我们却仍然可以看到粤菜辉煌的既往。

我在关于粤菜向外发展的系列文章中，反复提到一个关键的拓展节点，就是口岸开埠。福建的福州、厦门开埠甚早，却一直热不起来，但粤人仍然视为热点。比如史学大师何柄棣先生据《中国海关十年报告（1892—1901）》指出，厦门直到20世纪初，开埠数十年之后，外地的会馆都几乎没有，有之，即仅广东会馆外加琼州会馆两家，并皆属粤。（何柄棣《中国会馆史论》，中华书局2017年版，第45页）这也可视为对当年一口通商闽人丛聚广州的"特别的回报"。这"特别的回报"里，粤菜的落地生根，自然也就值得考述了。

但是福州最早的粤菜馆，却因戏园而引出："福州有营业性质的剧场，只有七八十年的历史。最早的是在清光绪末年（约1900年前后）苍霞洲广东人开设的'广聚楼'菜馆，中建戏台，不时演戏，以后渐渐成为出售门票的首创剧场。辛亥革命后，这一附设的剧场，名曰'吉庆戏园'，而广聚楼改名为'广资楼'，又改名为'广裕楼'。"（苞叟《福州戏园话旧》，见《福州晚报社》编《福州史话丛书·凤鸣三山》第3辑，《福州晚报》社1991年印行）

广聚楼的兴起，不仅与福州的粤商和买办有关，还与戊戌政变后出任闽浙总督的广东人许应骙有关：

当时福州洋行买办多是广东人，生活腐朽，侑酒征歌，夜以继昼。南台苍霞洲一带新型菜馆林立，如"广聚楼""广福楼""广升楼"等均称盛一时。其中"广聚楼"独出心裁，仿照北京菜馆办法，在馆内附设戏台，招徕宾客；并雇用广东厨师烹制广东风味的名菜，遂有"广行"之称……许应骙（广东番禺人，平日讲求饮宴）到闽后，多在南台酬酢同僚及粤籍买办同乡，城区菜馆营业因之深受影响。（强祖干等《聚春园忆旧》，见《福建文史资料》第12辑，福建人民出版社1986年版）

这种影响体现在"许多广东人来榕开设菜馆，福州一些经营者也迎合这种时势，于是，南台一带许多'广'字号菜馆如雨后春笋般涌现，比较著名的有'广复楼''广资楼''广裕楼'以及'新嘉宾''浣花庄'等10多家。广东人除开设菜馆外，还有专门制作烧烤食品卖的烧烤店，如苍霞洲的'都会'，观音井的'广协兴'等数家"。（《今日福州》，上海三联书店1991年版，第84页）这种数量，除了上海，其他通商口岸远不能比肩。

至于苞叟《福州戏园话旧》所说广聚楼更名之事，不知何据。我们从郁达夫在《逸经》1936年第9期发表的《饮食男女在福州》看，其时广聚楼赫然犹存，虽然变身为了西餐馆：

"饮食的有名处所，城内为树春园、南轩、河上酒家、可然亭等。味和小吃，亦佳且廉；仓前的鸭面，南门兜的素菜与牛肉馆，鼓楼西的水饺子铺，都是各有长处的小吃处；久吃了自然不对，偶尔去一试，倒也别有风味。城外在南台的西菜馆，有嘉宾、西宴台、法大、西来，以及前临闽江，内设戏台的广聚楼等。洪山桥畔的义心楼，以吃形同比目鱼的贴沙鱼著名；仓前山的快乐林，以吃小盘西洋菜见称，这些当然又是菜馆中的别调。"

或许人非物也非，到民国年间，福州的粤菜馆见于著录的，终究不如晚清时候多。1933年《福州便览》便只提到两家粤菜馆："专备粤菜的菜馆，从前有下南路的广州第一楼，此外南街的马玉山，粤点也很著名。"（周子雄等编著《福州便览》卷四《食宿游览》第一《饮食店》，环球印书馆1933年版，第185页）毕竟此时用不着买办，也没有主政的粤人了。

在福建，福州是省会，是政治文化中心，论商业经济，却是厦门更发达，过去如此，现在大概也还是这样吧。福州粤菜馆曾一度勃兴，但总体来说，是无法跟厦门比的，就像厦门曾有两家广东会馆，福州却未见著录。厦门最早的粤菜馆我们暂时未能考求而得，但近似粤菜馆的烧猪铺，则早在光绪十三年（1887）即已见诸记载："厦门访事人来信云：仔港口巷内有粤人开广荣昌烧猪铺，兼售鱼生粥，新翻花样，赌博敛钱。先用猪肉一方示人以斤两，然后将肉剁为两截，中连一线使不断，任人估计斤两，每人出银一角，以四十人为率。如估得分两相

符者，得头彩，取白绒衫一件，猪肉五斤；二彩取猪腿一；三彩取腊肠五斤。然该铺已先将肉之分两称明，暗使自己之人估计，是以头彩为广东人所得者多。近日港仔口外街广荣发烧猪铺亦尤而效之云。"（《鹭江寒浪》，载《申报》1887 年 12 月 3 日第 2 版）

到了民国时期，厦门的粤菜馆呈现勃兴之势，1931 年版《厦门指南》著录粤菜馆连同分号已十一家之多，超过了鼎盛时期的福州："广东菜以陶园、广益、统一诸家最备，可办全席。广益兼办西餐。广益本号，中山路；广益分号，思明东路；陶园酒楼，中山路；统一酒家，思明东路；锦记，镇邦街；粤兴，港仔口街；冠德，开元路；富隆，大走马路；乐琼林，开元路；宴琼林，思明东路；广兴，中山路头。"（陈佩真等编《厦门指南》第七篇《粤菜京菜》，厦门新民书社 1931 年版，第 8 页）

此外，同期或稍后还有好几家有名的粤菜馆呢。由林福创立于 1929 年的中山路广丰酒家，店址和招牌一直保持到 20 世纪 90 年代，堪称名副其实的老字号。广丰酒楼在民国时期全部聘用广东厨师，以经营广东风味盘菜、筵席、点心而闻名，韭菜盒、春饼、烧卖、肉包等各种点心备受青睐，可以承办酒席十几桌，也兼营部分闽菜。分别位于思明南路（薅菜河）和鼓浪屿龙头路的广州酒家，则以选料精细、技艺精良、风味清淡鲜美的"香汁炒蟹""炒桂花翅""油泡虾仁""白鸽肉绒""蒜子田鸡"等海鲜菜肴和粤式小炒著称，点心、小吃以及各种原盅炖品尤受欢迎，还曾留下一段影坛佳话。1948年冬，当时著名电影明星白虹、欧阳飞莺、殷秀岑、关宏达等赴菲律宾访问途径厦门，在鼓浪屿"广州酒家"品尝了"清蒸鲈鱼""白鸽肉绒""罗汉斋""酥炸虾盒"等名肴佳点之后，大为赞叹，殷秀岑还亲自签名留念。这家广州酒家，此刻也才开业不过半年，簇新着呢："厦门广州酒家新址开幕：茶面酒家，扁食大包，家常便饭，原盅炖品，厦门思明南路四五二号；大小筵席，结婚礼堂，随意小酌，无任欢迎，鼓浪屿龙头路二五五号。"（《南侨日报》1948年3月31日，第1版）而在此前后，我们还发现了另一家广东菜馆"冠天"："……到了厦门，黄县长忙拉陈专员跑进'冠天'广东菜馆，大嚼一顿，又是醺醺大醉。"（本报特派员彬文《同安县长的宴客逻辑》，《南侨日报》1948年2月22日第4版）国民党政权已经风雨飘摇，经济已经濒临崩溃了，还有这么好的新粤菜馆开出来，还有这么好的市况，可见粤菜在厦门的受欢迎程度。大中路1号的美洲饭店也是颇有特色的粤菜馆，如珍珠肉球、鲜鱼肉饺、鸳鸯鱼卷、美洲酥角、腊肠包肉、风流天子等，都闻名遐迩，特别是"风流天子"这道菜，更惹人口目——"就是腊肠蒸鸡啊，本店自制风味腊肠，独一无二。"（参见许晓春《民国厦门的粤菜馆》，载《羊城晚报》2019年1月19日）

值得特别关注的是，民国年间，作为如今领衔粤菜的潮州菜，鲜见于广州，更不用说外埠了，而厦门却有好多家，如大同路的"聚芳楼""庆香酒家"，开元路的"利隆"，思

明北路的"桃园酒家",思明东路的"宴琼林"和思明西路的"盛记",都是以潮汕风味为主的菜馆,着实令人称奇。(黄家伟《解放前厦门的烹饪饮食业掠》,载厦门市政协文史资料委员会、厦门总商会编《厦门工商史事》,厦门大学出版社1997年版)

综上所述,厦门的广帮菜馆加潮汕酒楼,已达二十余家。前已有言,福州的粤菜馆是其他口岸所不能比肩的,厦门的粤菜馆又更是福州不能比肩。如此,厦门诚为粤菜馆的福地。

此外,从顾颉刚先生的日记我们看到,在闽南三角另一重要城市漳州也有粤菜馆:"1927年2月15日(正月十四):早起,与元胎出外剃头。十点,与大家同游西溪,归途又同游南山寺。樊洙溥兄来谈。蔡、马二先生往礼拜堂讲演,予与振玉、元胎、孟温游东芗庙及各古玩铺,又至古香斋买书籍印色,看赌博场。到广东馆吃饭。"(《顾颉刚日记》第二卷,台北联经出版公司2007年版,第16页)漳州既非通商口岸,也非通都大衢,而有广东菜馆出现,更可说明广东菜在福建之风行。

与文俱迁

民国桂林的粤菜馆

　　两广地区，以前同属岭南，再分为岭东、岭西，世人多以为饮食风俗大同小异，其实不然。以水路通航而论，固可作如是观——两广之间，舟楫可通之地，大体以白话（粤语）为主，饮食风俗的确相近，然而桂北的桂林和柳州等广大地区，与湘南一体，再进而贵州、四川、云南，都属西南官话区，方言相同，饮食亦相若，均与粤菜大异其趣。因此，尽管两广毗邻，旅居桂林的粤人也不在少数，粤菜馆却史不见书，直到抗战全面爆发，广西既为李宗仁、白崇禧等致力营建的模范省，同时致力振兴文化，广招贤才，又为一时难得的大后方，各种文化事业及其机构南迁于此，人文蔚兴，各帮各系的酒菜馆也应运而生，粤菜馆也是直到此时，才与文俱迁似地建立起来。特别是 1938 年 10 月广州沦陷之后，大批粤籍难民蜂拥而入，

"食在广州"既已闻名天下，以之谋生，每为所想，故而更形繁盛。

目前我们所能检索得到的桂林最早的粤菜馆广东酒家，开办也已是1937年了："（桂林酒家）位于桂林市中山中路。其前身是桂林的大三元酒家和广东酒家。大三元酒家，1946年由王少东、陈少华合资在桂林市中山中路创办；广东酒家，1937年由李金华独资在桂林市正阳路创办；均为当时桂林经营粤菜的著名餐馆。1956年两店合并后取名桂林酒家，并迁往现址。"（本社编《中华烹饪精华系列·名馆名厨·桂林酒家》，知识出版社1992年版，第80页）

著名文史学者、杂文家宋云彬（1897—1979）先生，抗战期间在桂林参与创办文化供应社，编辑《野草》等杂志，因为工作应酬的关系，常上菜馆，多上粤菜馆，广东酒家则是他去的次数最多的粤菜馆，前后达12次之多，有日记为证：

1938年12月18日：上午八时半出席政治部驻桂办事处第三组会议……午与卢鸿基、王鲁彦饭于广东酒家。

1939年6月25日：（游泳上岸）赴广东酒家吃鸡球面一碗。

1939年6月28日：晚五时广东酒家小饮，忽雷雨大作。

1939年6月29日：五时，饭于广东酒家，遇第一组组员陈伯康，招余共食。陈近为同组排挤，鲁副主任以陈不愿入党为借口，下令免职。

1939 年 8 月 29 日：晚与彬然在广东酒家吃夜饭，邂逅季平夫妇，邀与同餐。

1939 年 9 月 9 日：游泳场遇太阳、云将往湖南教书，艾青也去。六时半，特在广东酒家为太阳、艾青饯别，鲁彦作陪。

1939 年 9 月 15 日：必陶来，预约小饮。六时许，偕光暄同赴所指定之东华酒家，则不见彼之踪迹，遂与光暄赴广东酒家小饮。

1940 年 3 月 3 日：六时与司马文森同赴广东酒家小饮。

1940 年 3 月 5 日：午后四时半渡江去广东酒家吃面。

1940 年 3 月 31 日：中午，在广东酒家小吃，稍饮酒，即昏昏欲睡，急赴开明，假榻作午睡，至四时方醒。

1940 年 4 月 22 日：晚与允安、锡光在广东酒家小吃，菜多可口。

1940 年 7 月 9 日：应丁文朴邀，赴广东酒家小酌，杨人鸿、吴渌影亦来。饮三花酒约十二两，颇有醉意。（宋云彬《桂林日记》，见《红尘冷眼：一个文化名人笔下的中国三十年》，山西人民出版

社 2002 年版， 第 3、37、45、47、48、59、63、
66、78 页 ）

确定是抗战之后最早见于记录的，是来自常任侠先生的
广州酒家："1938 年 12 月 15 日（桂林）：至广州酒家晚餐。"
（常任侠《战云纪事》，海天出版社 1999 年版，第 155 页）宋
云彬先生更是常去：

> 1939 年 4 月 23 日：中午，力扬来，邀往广州
> 酒家小饮。
> 1939 年 8 月 26 日：午后彬然来，相偕入水，
> 晚在广州酒家小饮。
> 1939 年 9 月 17 日：五时半，偕舒群赴广州酒
> 家小饮。
> 1940 年 2 月 23 日：晚与光暄饮于广州酒家，
> 顾客拥挤，待十余分钟方入座。（宋云彬《桂林日
> 记》，见《红尘冷眼：一个文化名人笔下的中国
> 三十年》，山西人民出版社 2002 年版，第 27、45、
> 48、57 页）

而由最后一则日记，需要等位十余分钟，可见其生意之好。
此后桂林粤菜馆真是风起云涌，如顾震白所编的《桂林导
游》，其中《桂林的食宿》一节的介绍劈头就说："桂林不是一

个富庶的地方，而且民众习于简朴，所以对于食宿两项，向来是不十分讲究的。"各路餐馆是直到抗战以后才兴起，"其中最多的，要算广东馆"；后面具体开列了餐馆27家，其中粤菜馆10家，占比超过三分之一，具体有：中南路的东坡酒楼、桂南酒家、南园酒家，桂东路的昌生园，中北路的昌生园支店、居然酒家、西园酒家，正阳路的广东酒家、岭南酒店、白龙酒家；而当时正风行全国、不少地方能与粤菜分庭抗礼的川菜，却只介绍了两家：桂西路的美丽川菜社和中北路的嘉陵川菜馆。（顾震白编《桂林导游》，大众出版社1942年版，第50、56—58页）

徐祝君主编的《桂林市指南》（桂林《自由报社》1942年版，第19页）则介绍得生动活泼一些：

如果你吃惯了广东口味而现在仍想吃广东味菜饭的话，中北路的西园酒家、居然酒家，中南路的东坡酒家、正阳路新开的白龙酒家，都是桂林最著名的广东酒店。广东酒家为道地的广东味且以经济著名，不过客多地狭，厨师比较少，拥挤的时候，往往一两小时不得到口。

此外昌生园也还不错，不过昌生园虽也是广东酒店，而作风方面则有很多已经改变了。

"西园、居然，这些都是广东馆子，如果江浙人而又好江浙口味呢？"

…………

昌生园宋云彬也去过："1939年4月21日：邀艾青、艾芜、杨朔、舒群、鱼彦在桂东路昌生园小饮。"（宋云彬《桂林日记》，见《红尘冷眼：一个文化名人笔下的中国三十年》，山西人民出版社2002年版，第27页）叶圣陶先生则不仅去过，而且评价颇高："（1942年7月4日下午）四时半韩祖琪、吴朗西（方自柳州来）偕来，邀余与洗翁往桂东路昌生园小叙。昌生园为广东馆，其菜颇可口，使余忆及上海之新雅。"（叶圣陶《蓉桂往返日记》，见《我与四川：叶圣陶的第二故乡》，四川文艺出版社2017年版，第186页）新雅可是上海粤菜馆的翘楚，声名地位还在冠生园之上呢。

李焰生的《桂林的繁华梦》也综合介绍了因武汉、广州陷落而突然繁兴的桂林菜馆情况：

北地胭脂，南朝金粉，更加上广州小姐，香港密斯，与力争上游的本地太太小姐，把一个古朴之地，成为艳丽之场。为了她们，一切娱乐的场，增加到了惊人的数字。就酒馆而论，最初是一间桂南酒家，其老招牌的吸引力，把作为桂林菜的代表者天然居的顾客吸收了去，不及二十元桂钞酒席，把一位大骂广东菜要不得的范新琼大姐，吃到她由头到尾都叫好。后来，广东菜馆，由东方园到东坡、文园、南园、西园、天然各酒家。（李焰生《闲人散记》三集，新夏出版社，第41页）

此书因脱页，未能查到出版年份，但李焰生的《闲人散记》二集由中国图书文具公司于1943年出版，且此书又提到"国庆三十五周年"，则最早出版时间也应当在1946年末以后了。这也反映了抗战后期又增加了不少粤菜馆，比如前两书未曾提及的东方园、文园、天然三家。当然也有不少材料认为"天然"是本地菜馆，但其系为粤菜馆，也自有道理，就像叶圣陶先生曾聚饮于此："（1942年5月24日下午）六时至天然餐馆。今日为诸友聚餐会会期，夫人小儿集，凡两席。"然后评论说："该馆系广西式之菜馆，所制品近乎广东，诸品皆元汤，有真味。"（叶圣陶《蓉桂往返日记》，见《我与四川：叶圣陶的第二故乡》，四川文艺出版社2017年版，第170页）如此，则其名虽广西式，其实已广东式了。宋云彬好广东菜，自然少不了天然酒家，录得12次，与广东酒家并驾齐驱：

　　1939年5月29日：鲁彦因他事受刺激，又提辞呈，张组长坚留之。晚，愈之邀张组长、鲁彦及余在天然酒家吃饭，谈鲁彦辞职事。

　　1939年6月15日：晚，愈之招饮，地点为天然饭店，除启汉处，多一杨东莼。

　　1939年6月16日：六时半，启汉招饮，仍在天然酒家。

　　1939年8月19日：晚在天然酒家聚餐，座有夏衍。堂倌送来臭菜汤一碗，不可向迩。

1939 年 9 月 6 日：午后下水，遇愈之，言今晚在天然酒家聚餐，座有王造时，邀余加入。

1939 年 9 月 11 日：六时进城，在天然酒家聚餐。邂逅闵志达，邀与同餐。

1940 年 2 月 11 日：晚，《国民公论》社请客，在天然酒家。

1940 年 3 月 12 日：张志让等定六时在天然酒家聚餐，迳往天然。

1940 年 3 月 31 日：晚，赴天然酒家聚餐。

1940 年 4 月 24 日：夜在天然酒家公宴汪允安之父亲，庆六旬生辰也。

1940 年 5 月 7 日：六时，愈之邀往天然酒家吃饭，座有《星岛日报》营业部主任何藻鉴及虎标永安堂调查员胡文锐。

1940 年 7 月 1 日：五时进城访夏衍，偕往天然酒家小吃，座有彬然、华嘉、紫秋。（宋云彬《桂林日记》，见《红尘冷眼：一个文化名人笔下的中国三十年》，山西人民出版社 2002 年版，第 33、35、44、47、55、60、63、67、69、77 页）

上述三书均未介绍广州酒家，显然属于失误，因为前已有常任侠先生记之，宋云彬先生也多去，从后来的记录看，广州酒家也一直比较有名，包括因为违反当局的节约规定被点名批评并罚款:"中北路广州酒家,亦违反规定,刻正签名处罚中。"(《违反饮食节约 食店多家受罚》,桂林《扫荡报》1944年1月14日第3版)"省会战时生活励进会检查组,近又查获违反饮食节约规定餐食店二家:一,十一月二十五日,中北路居然酒家四人,食用五菜一汤;二,十一月二十八日,正阳路广东酒家有食客三人,食用四菜,均经当场依法检查,报请该会李主任委员批示处罚。其中广东酒家,前曾违反规定,违处罚金一百元,此次再度违反规定,检查组决将实情检证呈请从严处分,以警刁顽云。"(《广州酒家又违节约将受严罚 居然酒家亦违规定》,桂林《扫荡报》1942年12月3日第3版)泛指的广州酒家,多以吃得好著称,你这一强令节约,还让人家活不?

居然酒家也是文化人诗酒风流之地,如:"1941年11月26日:《诗创作》社在居然酒家招待戏剧家洪遒、瞿白音。"(龙谦、胡庆嘉《抗战时期桂林出版史料》,见《桂林文史资料》第38辑,漓江出版社1999年版)

另一家容易让人误为川菜馆的东坡酒家开办得也比较早,宋云彬先生在日记中也留下了不少记录:

1939年5月14日:力扬来信,已到重庆,正值大轰炸后,谓悔不留在桂林,并谓如无决心上前方者,桂林实为最佳之后方云。夜与愈之、季龙、鲁彦饮于东坡酒家,愈之作东道主。

1939 年 5 月 19 日：六时与光暄饮于东坡酒家。

1939 年 6 月 9 日：晚在东坡酒家与陈亦卿、汪廷咏、曹雪深及冰心、履绥等小饮，皆同乡戚友也。廷咏为挹清之侄，颇能敏。挹清墓木已拱，其妻乃余表姐，贫困甚，今在故乡，不知作何状也。

1940 年 5 月 12 日：晚，《中学生》同仁在东坡酒楼聚餐。

1940 年 5 月 20 日：午后五时进城，应夏衍之邀也。在东坡酒家小饮。（宋云彬《桂林日记》，见《红尘冷眼：一个文化名人笔下的中国三十年》，山西人民出版社 2002 年版，第 30、31、34、70、71 页）

前述顾震白编《桂林导游》提到的岭南酒家，鲜少见诸作家笔端，幸赖宋云彬先生记之："1940 年 7 月 6 日：餐偕林山去花桥边岭南酒家小酌。"（宋云彬《桂林日记》，见《红尘冷眼：一个文化名人笔下的中国三十年》，山西人民出版社 2002 年版，第 78 页）

桂林粤菜馆的特别之处是，当昆明等地的高档粤菜馆因为战争对国力民力的消耗，已经改走丰俭由人的亲民路线时，仍然有高大上的粤菜馆开将出来，并大肆宣扬：

轰动西南之安乐华大酒家二月一日业经开幕，

是粤菜美点标准之府，是港粤桂名厨大集会，搜集岭南各地食谱，发扬两粤食品精华，整日供应，招呼周到，新颖时菜，名茶美点，特制烧腊，各款面食，面包西饼，保证满意。地址中华路四三一号，即商务印书馆对面。(《安乐华大酒家广告》，载《革命日报》1945年2月3日第1版)

未审此际人文风流如何，有待进一步考证道来。

以食会友

酒中八仙与民国青岛的粤菜馆

　　鸦片战争后，由于五口通商，粤商当中很多人被迫远离故乡，走向"五口"以及更多新开口岸；特别是早期的买办阶级，也成为粤菜走出广东重要的推动力量。鲁海的《青岛老字号》正作如是观：

　　　　上世纪20—40年代，青岛的餐饮业有十家一等菜店（饭店），即：顺兴楼、聚福楼、亚东饭店、春和楼、东华旅社、大华饭店、厚德福、三阳楼、公记楼和英记酒楼。其中唯一一家粤菜馆是英记酒楼。1840年鸦片战争中，英国占据香港，广东人开始与外国人进行经贸。1897年，德占青岛以后，急需一些懂国际贸易的人才，许多

广东人来到青岛，有的在外国企业中干买办，有
的自己开办外贸、金融企业。于是青岛"三大会
馆"中的广东会馆在芝罘路上建成，有代表参与
青岛政事。由于广东人来青岛生活，青岛也有了
几家粤菜饭店，如广安楼（潍县路）、广聚楼（潍
县路）、英记酒楼（中山路）等。（鲁海《青岛老
字号》，青岛出版社2016年版，第210页）

这十家一等菜馆之说，或出自1933年平原书店发行的
《青岛指南》，第六编《生活纪要》提到的是十一家而非十
家，漏掉的一家叫奇记。再则鲁海的记述一开始即出现重要差
错——十家一等菜馆中，英记酒楼并非唯一的粤菜馆，公记楼
也是粤菜馆！留学日、美并获芝加哥大学数学硕士学位，文理
兼精的著名数学家黄际遇教授，1930年至1936年间历任青岛
大学、山东大学（在青岛）教授兼文理学院院长，经常与友朋
及广东同乡聚酒高会，对青岛的大酒楼可谓了如指掌，上得最
多的正是公记，而且还在日记里再三写明公记是粤菜馆：

  1932年7月7日：晚赴里人袁伦铨之招，饮
  于公记楼，李家驹前辈适自旧都来，亦加入同席。

  1932年7月28日：毅伯来，约明晚陪蒋祭酒
  饮粤菜馆，并代定菜单。

  1932年7月29日：晚赴公记楼杜毅伯之招，

乡厨甚美，同坐蒋梦麟（按：夫妇）。

1932年8月7日：约太侔邀请济南诸友（何夫人、孙静庵、王子恩、李瑞轩夫妇）晚酌公记楼。并约实秋、毅伯、少侯、之椿陪，酒肆热甚，谈锋为之不锐。

1932年8月18日：晚随同人痛饮公记楼，蔡子韶来同席。

1932年9月10日：晚往公记楼小饮。

1932年10月29日：游泽丞招醉公记楼，实秋、怡荪、叔明同坐。

1932年11月17日：午为毅伯招往公记楼陪饮，甚恣饕腹，酒未及醺而仍不克制多言之病，言多必失。

1932年12月3日：晚偕泽丞、更生、保衡、少侯赴公记楼消寒会第二次雅集，怡荪、叔明、涤之、贻诚、智斋、咏声俱到，易令数番，酒风殊健。

1932年12月17日：七时余偕王竹邨赶消寒第三会于公记楼，少侯、咏声、涤之、保衡、实秋、贻诚、康甫在焉，转战大胜，然已不胜酒力矣。

1933年3月25日：晚王硕甫及门人智斋、保衡宴予于公记楼，饱餐后步归。

1933 年 4 月 28 日：早课毕，招保衡看花，公园花事极盛。广东公记酒楼支店园中，薄饮啤酒，步归阅书。

1933 年 5 月 9 日：晚少侯邀公记楼，酒不成欢，敛襟陪席。夜偕少侯、涤之步归。

1933 年 6 月 17 日：晚涤之招饮公记粤馆，夜归有醉意。

1933 年 7 月 27 日：晚以招生委员会名义宴诸君公记楼。

1933 年 9 月 20 日：午涤之招咏声、肖鸿、任君小酌公记楼。

1933 年 10 月 28 日：晚王哲庵招饮公记楼，健饮诸同人均在席。

1933 年 11 月 11 日：夜曾省之招饮公记楼。（黄际遇《万年山中日记》，黄小安、何荫坤编注《黄际遇日记类编：国立山东大学时期》，中山大学出版社 2020 年版，第 27、28、31、36、44、67、76、84、92、106、113、119、138、155、157、170、174 页）

然而，声名第一的英记酒楼，黄际遇却去得不多，仅录得两次，外加爽约的一次，也只得三次：

1932 年 7 月 8 日：里人陈朋初柬饮粤馆英记楼，以疾辞。

1934 年 11 月 20 日：晚宏成发开筵英记楼，趋往陪食，适功课最重之日，无心谈宴。

1935 年 1 月 6 日：晴应采石酒约英记楼粤菜，乡人群集于此。（《万年山中日记》，第 18、295、310 页）

尽管如此，英记的"威水"史还是值得好好介绍一番。鲁海的《青岛老字号》说，英记酒楼为二层楼房，处于中山路、高密路黄金地带，旁为劈柴院东出口，楼下为散客，楼上为雅座单间，是青岛最早供应叉烧包、大鸡包、粤式粽子、鸡粥、鱼片粥等粤式早茶的饭店。厨师来自广东，能将广州菜、潮州菜、东江菜加以综合，菜点制作精巧，花色繁多，美观新颖，有白斩鸡、油烹鳝鱼、蚝油牛肉、烤鱿鱼、油糟鱼、烤乳猪、脆皮鸡、咕噜肉、冬瓜盅、竹丝烩王蛇、龙虎斗等诸多特色名菜；还"美食配美器"，选用景德镇和广东佛山名瓷做餐具，房间布置也高雅。因此，在"十大名楼"中，英记酒楼虽然面积最小，但名气很大，名流云集。饕客中影响力最大的则非康有为莫属。康有为自海外归来，于 1923 年购宅卜居青岛，时常到英记酒楼一尝家乡风味，却不料或因此丧命。话说康有为在上海度过七十寿辰后，于 1927 年 3 月 18 日回到青岛，3 月 30 日在英记酒楼参加宴会，因腹痛未终席回家，次日即告

病逝，或因食物不洁所致。（鲁海《青岛老字号》，青岛出版社
2016年版，第210—212页）这应该多少影响到英记的声誉，
故期年之后即告转手：

> 启者：本酒楼现改由鄙人接办，已将内部大
> 加刷新，由粤沪聘到上等名厨，按日精制时鲜粤
> 菜、各种点心，以供各界宴会。房间雅洁，招待周
> 到，用具消毒，讲求卫生，务求尽惬人意。今定六
> 月十八日开幕，敬希各界光临，不胜荣幸。本楼主
> 人启，中山一路一百一十号。（《英记楼新号启事》，
> 载《青岛时报》1932年6月26日第7版）

鲁海的《青岛老字号》还提到过另两家粤菜馆，即广安
楼（潍县路）和广聚楼（潍县路）。其实何止这两家呢？黄际
遇先生就另说到一家粤来馆："1934年7月10日：承佑面约
夜饮粤来馆（芝罘路），入坐者半系酒徒，大学健饮之名几闻
全国云。"（《万年山中日记》，第232页）而能聚齐一大帮闻
名全国的高阳酒徒，即便这菜馆不大，也必定饶富特色。跻
身这帮"酒徒"之列的梁实秋先生，后来详述过他们如何名
闻全国之法：

> （从杜甫《饮中八仙歌》说起）我现在所要写
> 的酒中八仙是民国十九年（即1930年）至二十三

年（即 1934 年）间我的一些朋友，在青岛大学共事的时候，在一起宴饮作乐，酒酣耳热，一时忘形，乃比附前贤，戏以八仙自况。

…………

这一群酒徒的成员并不固定，四年之中也有变化，最初是闻一多环顾座上共有八人，一时灵感，遂曰："我们是酒中八仙！"这八个人是：杨振声、赵畸、闻一多、陈命凡、黄际遇、刘康甫、方令孺和区区我。既称为仙，应有仙趣，我们只是沉湎曲蘖的凡人，既无仙风道骨，也不会白日飞升，不过大都端起酒杯举重若轻，三斤多酒下肚尚能不及于乱而已。

后面又具体介绍了除他本人和黄际遇之外"六仙"的情况，这里只就与酒有关的方面节录如下：

杨振声，字金甫，后改为今甫，北大国文系毕业，算是蔡孑民先生的学生。青岛大学筹备期间，以蔡先生为筹备主任，实则今甫独任艰巨（后任青岛大学校长）。今甫身裁修伟，不愧为山东大汉，一杯在手则意气风发，尤嗜拇战，入席之后往往率先打通关一道，音容并茂，咄咄逼人。赵瓯北有句："骚坛盟敢操牛耳，拇阵轰如战虎牢。"今甫差足以当之。

赵畸，字太侔，和今甫是同学。平生最大特点是寡言笑。莲池大师云："世间醍醐醇醴，弥久而弥美者，皆封锢牢密不泄气故。"他有相当酒量，也能一口一大盅，但是他从不参加拇战。据一多告我，太侔本是一个衷肠激烈的人，年轻的时候曾经参加革命，掷过炸弹，以后竟变得韬光养晦沉默寡言了。怪不得他名畸字太侔。

闻一多，本名多，以字行，湖北蕲水人，是我清华同学，高我两级。一多的生活苦闷，于是也就爱上了酒。他酒量不大，而兴致高。常对人吟叹"名不必须奇才，但使常得无事痛饮酒，熟读离骚，便可称名士"。他一日薄醉，冷风一吹，昏倒在尿池旁。

陈命凡，字季超，山东人，任秘书长，精明强干，为今甫左右手。豁起拳来出手奇快，而且嗓音响亮，往往先声夺人，常自诩为山东老拳。关于拇战，虽小道亦有可观。我与季超拇战常为席间高潮，大致旗鼓相当，也许我略逊一筹。

刘本钊，字康甫，山东蓬莱人，任会计主任，小心谨慎，恂恂君子。患严重耳聋，但亦嗜杯中物。因为耳聋关系，不易控制声音大小，拇战之时呼声特高，他不甚了了，只请示意令饮，他即

听命倾杯。

方令孺是八仙中唯一女性，安徽桐城人，在
国文系执教兼任女生管理。她有咏雪才，惜遇人
不淑，一直过着独身生活。在青岛期间，她参加
我们轰饮的行列，但是从不纵酒，刚要"朱颜酡
些"的时候就停杯了。老来多梦，梦里河山是她
私人嗜好的最高发展，跑到砚台山中找好砚去了，
因此梦中得句，写在第二天的默忆中："诗思满江
国，涛声夜色寒；何当沽美酒，共醉砚台山。"这
几句话写得迷离倘恍，不知砚台山寻砚到底是真
是幻。不过诗中有"何当沽美酒"之语，大概她
还未忘情当年酒仙的往事吧？（梁实秋《酒中八
仙——忆青岛旧游》，见《雅舍杂文》，上海人民
出版社1993年版）

除了上述粤菜馆之外，当年青岛粤菜馆还有不少；专门
研究青岛老字号的人都搞不清了，我们也就很有必要特别考
出。1935年有一篇广东人写的文章，先说中山路的英记楼固
是粤菜馆最老的一间，"居然能跟着时代而踏上青市第一流酒
馆之列，这不能不算是我们广东人的颜色"。紧接着说新开的
一间也够"威水"："二年前增加了一间福禄寿岭南酒家，地
点在中山路上的一间影戏院的隔壁，兼营早市——饮茶，走
堂伙计多有土人，生意颇发达，据当事人说，他们是从上海

集股开来的，每月开销约四五百元。"更值得庆贺的是："本年度四月间又增加一间陶然酒家，地点在德县路，从中山路上，可以望见它的招牌，其营业性质和岭南相符，惟早上之点心，则比岭南略佳，不只如此，比上海那一家的点心都要来得幽美，与十几年前香港之马玉山有异曲同工之概，座位亦较岭南清雅。"（志远《青岛粤侨一斑》，载《粤风》1935年第1卷第4期，第29—30页）陶然酒家自己也曾大做广告以资招徕："广州陶然酒家：包办酒席，随意小酌，茗茶美点，粥品面食，广州烧卤，叉烧包子。德县路二十九号。"（《青岛时报》1935年5月1日第7版）这新开的粤菜馆，多是后来记述者所不曾留意的。

这新开的两家，加上前面提到英记楼、公记楼、广安楼、广聚楼、粤来馆，粤菜馆至少已有七家之多了，其中两家还位列一等，这在当时不过二三十万人口的青岛，作为外地菜馆，占比实在已经非常高了。即便在今日近千万人口的青岛市面，你能找得出这么多粤菜馆以及一流的粤菜馆吗？想必不会。由此可以窥见当日粤菜业在寰中的辉煌。

黄际遇先生好客善饮，好美食，除了粤菜馆，他还"别有洞天"，另有去处。首先是他自己的寓所——他从家乡带来了上等的潮菜家厨；梁实秋几十年之后还赞不绝口："任初先生也很讲究吃，从潮州带来厨役一名专理他的膳食。有一天他邀我和一多在他室内便餐，一道一道的海味都鲜美异常，其中有一碗白水氽虾，十来只明虾去头去壳留尾，滚水中一烫，经适

当的火候出锅上桌，肉是白的尾是红的，蘸酱油食之，脆嫩无比。这种简单而高明的吃法，我以后模仿待客，无不称善。他还有道特别的菜，清汤牛鞭，白汪汪的漂在面上，主人殷勤劝客，云有滋补之效，我始终未敢下箸。此时主人方从汕头归来，携带潮州蜜柑一篓，饭后饷客，柑中型大小，色泽特佳，灿若渥丹，皮肉松紧合度，于汁多而甜之外别有异香长留齿颊之间。"（梁实秋《记黄际遇先生》，见《雅舍杂文》，上海人民出版社1993年版，第90页）

恃此佳厨，黄际遇先生便敢在寓所大宴宾客，大宴贵客，且十分自得：

1932年7月26日：约何仙槎（按：时任山东省教育厅长）伉俪来校舍便餐，托金甫代约蒋梦麟夫妇。午回舍。晚吴之椿、赵太侔、杨金甫、仙槎夫妇来饮于此，粤厨乡味，颇恃时誉，鲁酒渗水，心脾羽化。

1933年6月18日：夜约杨金甫、吴之椿、赵太侔、梁实秋、赵涤之、杜毅伯、赵少侯、张怡荪、汤腾汉、曾省之、王咏声来寓便酌，尽欢，夜分始散，主人亦倦不可支。南方乡厨，甚合宾意。

1934年5月6日：李茂祥戏言与予决饮，以醉卧地上为限。晚特约太侔及其夫人任监军，实秋、文柏、少侯、康甫、仲纯相陪，壁垒森严。

五雀六燕，瓶罄而扔，不分土厨，不辨鱼味，而宾主皆欢。

1934年7月10日：晨起已有暑意，厨人以干银鱼煮粥，厥味殊甘，招善基共食之。

1934年10月7日：日落诸友踵至，并约丁山申刻入席。乡厨土味，见赏群公，食谱烹经，开河洪子（洪浅哉大背食谱）。

甚而至于借出家厨，"越厨代庖"："1935年1月1日：晚啸咸设席，假太侔精庐聚饮，虽曰越俎，云有代庖（席假余仆陈厨为之）。"（《万年山中日记》，第27、139、199、232、280、309页）

另一味胜菜馆的私厨就是潮州老乡蔡纫秋运销土产的店铺宏成发，他与宏成发的亲密关系，适如梁实秋所记：

> 我们在青岛的朋友，有酒中八仙之称，先生实其中佼佼者。三十斤的花雕一坛，共同一夕罄尽，往往尚有余兴，随先生到其熟悉之潮州帮的贸易商号，排闼而入，直趋后厅，可以一榻横陈，吞烟吐雾，有佼童兮，伺候茶水，小壶小盏，真正的功夫茶。先生至此，顾而乐之。（《记黄际遇先生》，见梁实秋《雅舍杂文》，上海人民出版社1993年版，第90页）

黄际遇先生日记当然更有记录：

1932 年 6 月 24 日：日未中，校役急以群众环逼校长之讯来报，至是知不可久居矣。匆匆披衣，徒步出门，携《北江文集》自随，间道而行，至热河路乃得车，驱往里人宏成发处。甫进食举箸，实秋太侔相继而至，共食之后，二君复先抵诣金甫于黄县路重围中。

1932 年 6 月 26 日：采石送潮产鱼翅一副，命陈厨烹饪携至宏成发，招周廷尧、宋树三同饮。

1933 年 2 月 24 日：晚偕涤之、少侯往宏成发便酌，肴馔极丰。

1934 年 12 月 17 日：午赴宏成发，诸同乡多应海亨午宴，兼为予送行，予亦被请酒束，则婉谢之。留饭柜上。

从上面几则日记看，不仅黄际遇跟宏成发老板及仆役熟得几可不分彼此，梁实秋他们也跟着熟络得很，可以不打招呼去"蹭饭"。另一个乡党也熟到可"蹭饭"："1934 年 8 月 9 日：夜赴柳溪招饮于黄县路李庐，仅堪容膝，而陈书充壁，殊供清赏。先生故汉族而父以粤籍著，供馔尤有乡味，多先生手定者。"（《万年山中日记》，第 12—13、14、98、303、251 页）

未入日记的可"蹭饭"的乡党恐怕还有吧！

一水情牵

食在广州的贵阳往事

广东与贵州,珠江一水情牵。

2006年,广东人林树森出任贵州省省长,力推贵广铁路建设,拉近粤贵"距离"。特别是2014年正式通车后,把贵州特别是贵阳打造成广东后花园的口号更是喊得震天响;近些年来,前往贵州旅游、商贸甚至居留的广东人也确实越来越多。殊不知,广东人早就是贵州特别是贵阳的主客了;清代以来,贵阳最著名的商贸街广东街,顾名思义,就是因为广东商人前往经营百货玉器和海产南货而形成的:"随着市场的扩大和繁荣,江西帮、湖南帮、四川帮、云南帮商人也先后办货来筑,大部分在广东街安家落户。"(朱林祥、朱志国《解放前广东街的商业活动》,见贵阳市政协编《贵阳商业的变迁》,贵州人民出版社2012年版,第1—2页)

然而，广东人前往贵州的高潮，恐怕更在抗战时期，迄今难以逾越，因为贵州是当时的大后方，许多公私机构特别是军事机关与军事工厂都设在贵阳，1938年广州沦陷后，工业相对发达的广东，很多人员机构也内撤到了贵阳；战后《申报》一则报道便说，单单"在贵阳服务美军机关的粤籍人员和技工约有万人，连家属约五万人"，因"美军机关裁撤后，他们都要回家"，这么庞大的人群回流，如何安置便成为一个社会问题，所以引起关注。（郑郁郎《我从广州来：谈食衣住行人口学校报纸》，载《申报》1945年12月18日）那全部在贵阳的广东人，加起来没有十万也有八万吧。如果说早期"广东街"形成的时代，跨区域饮食市场未兴，粤菜馆出现的可能性不大，乡味充其量由广东会馆提供，那此际如此庞大的人流物流，必然带来粤菜馆的大兴。

白天白《解放前贵阳的两广餐馆》说，首先问世的是先设在中山西路后迁至中华中路贵阳民众教育馆对面的"四海酒家"，并说主持人是曾任薛岳秘书的广东兴宁人何湘，先期来贵阳的空军方面的同乡曾剑刚也有股份。（政协贵阳市云岩区委员会编《云岩文史资料选辑》第八辑，第51页）然而，薛岳的秘书为何会跑到贵阳来开餐馆？作者没交代，读者也实在想不明白。倒是曾剑刚有股份甚至是开办者、主持人都有可能。杨晓林的《贵阳的飞机场与贵州航空处史话》就说，贵州军阀王家烈想办空军，1934年初在香港购回三架飞机，贵州航空处随即成立，并任命周一平为上校处长、广东人曾剑刚中校为参谋长，空勤机械等人员也多来自两广。可是 1935 年 1、2 月间，国民党中央军即大兵入境，王家烈时代结束，航空处也随之夭亡，那些来自两广航空部门的空勤机械人员，因为政治前景与蒋介石势力不合而"打道回府"，但曾剑刚因为已与贵阳园艺专科学校毕业的女生曹某结婚，只好在贵阳安家落户，并改作商贾，在中华中路开设一家独特的广东味餐厅，牌名"四海酒家"。（载政协贵阳市委员会编《跨越：贵阳交通发展历程》，贵州人民出版社 2013 年版，第 49 页）这种叙述倒颇合逻辑。至于四海酒家什么时候开办，却又难以考证，目前的材料，都指向 1938 年或更早。

著名的《旅行杂志》创办人赵君豪 1939 年漫游西南，在《贵阳杂写》中说："（甲秀）楼旁有观音寺，再进有翠微阁，去夏四海酒家在此设立餐馆，发卖粤菜粤点，生涯鼎盛。"（赵君豪《西南印象》，上海中国旅行社 1939 年版，第 84 页）这只是说四海酒家在翠微阁设立分店是在 1938 年夏，中华中路的四海酒家应该成立更早，但其广受欢迎，则是能充分说明的。柴晓莲先生有一首诗，在题目中已称颂其盛——《己卯（1939）秋日翠微阁晚眺，内有四海酒家，游客甚盛》。时人唱和，也多假座于此，如王敬彝先生有诗题曰《巴壶天秘书招集四海酒家，予以太常斋禁辞退，赋诗谢之》。（分见柴晓莲《心远楼剩稿》、王敬彝《柳瘿斋诗集》，见贵阳市志编纂委员会办公室编《金筑丛书》之《贵阳五家诗钞》，贵州教育出版社 1995 年版，第 284、196 页）饮食风雅，于斯可见。

1939 年 6 月 1 日大夏大学 15 周年校庆的庆祝午宴假座的四海酒家，就应当是中华中路总店了，翠微阁店没那么大容纳量。（汤涛《人生事，总堪伤：海上名媛保志宁回忆录》，上海书店 2018 年版，第 111 页。按：保志宁为曾任上海市教育局局长的保君健之侄女，著名政治家、教育家、大夏大学校长王伯群先生的夫人。）

有一位笔名为"匪我思其"的作者，在贵阳出版的《青年阵地》半月刊 1935 年第 7 期写了一篇《前哨："四海酒家"》，从另一个侧面反映了当时四海酒家的地位和影响："中国是穷的，贵州更是穷到不可再穷的一步；中国是应当作战争准备的，贵州更不可不作最大的准备！然而，有时在事实上给我们的印象却是大大不然。走过大街，一切享乐浪漫的色彩已经足以令人作呕，足以令人想到贵州不惟不曾向'建设复兴民族根据地'的工作上面有着怎样大的进展，而且已经正在向着纸醉金迷的灭亡线上迅速走去。尤其是到了每天深夜的时候，更使我们有着不小警策！"接着就点出了在这本应万籁俱寂的深夜，"从中华路再向北来的大街西成路上，高高的三层楼，三层楼都亮着怪亮的电灯，都颤动着人影，这地方便代表了这非常的时代当中的'复兴民族根据地'的倾向（？），这是多数人都不易走进，而多数人都知道的地头，在那三盏绿色电灯光照耀之下，摆着蛮大的四个黑字：'四—海—酒—家'"。紧接着还有酒店内外的特写："在外，有着的是漆壳辉煌的几部'假流线型'汽车，在电灯光下静静的对面蹲着，等待着它的主人的驱策，从那车身漆光和电灯光的反映中，发散着许多漂亮华贵的气味。在内，眼睛看得到的是：整齐排列的酒瓶，红红绿绿的纸花，堂皇精致的陈设，晶洁明亮的玻璃。耳朵听得到的是：谑浪笑傲的喧嚷，五魁八马的对抗，呼喝诃斥的威风，刀杯碗盏的交错……"读了让人感觉到这至少是上海南京大酒家才有的气派。

继起的"五羊酒家"于1939年底在省府路创办，老板广东中山人袁秉忠也是帮会头子，担任贵阳警察局的消防队长，还兼任贵阳华南体育会会长多年。合资人是在四海酒家对门开私人诊所的广东老乡文靖思。可能因为这层关系，他们请了在贵阳经销上海产儿童良药"小儿安"赚了大钱的曾泽传当经理。虽然个个都来头不小，但整个儿就像玩票似的，所以来头不小的"五羊酒家"经营一年就自动收盘了。接盘者林德三（知名跌打医生）、谭振华、林志乾几个做汽车运输生意的广东高州老乡本有信心做好，特别是林志乾在桂林管理过饭店，亲任经理也顺风顺水，无奈不久因房东收回房屋另租，只好歇业。好事不过三，半年之后，林志乾找到几位车主另集资金，仍用"五羊"招牌，在中华南路租得一家商场的二楼（可以摆30张台）重新开张，也是生意红火，日日客满，却不料因小事得罪青年军上校军官吴岱旦，被砸台，饮恨消歇。

歇了一头"羊"（"五羊酒家"），起了两条"龙"（"沙龙酒家""金龙酒家"）。也是在1939年，国民党空军后勤供应处由杭州迁来贵阳，空军系统向多广东人，供应处也不例外，主任伍白夫即广东台山人。"食在广州",皆由粤人好食。伍主任当然也好"食",到贵阳不久即筹划在中华中路川戏院侧开了一家"沙龙酒家"。与此同时,因贵州禁烟而滞留贵阳的广东南海头号财主、前广东禁烟局(事实上的鸦片专卖局)总经理霍芝亭在贵州的鸦片代理人丁英,趁势在贵阳市场路口开设"金龙酒家",营业一直不俗,直至1949年初才宣告结束。其间,还有一位陈姓南海人也在大西门城门口开了一间"广东酒家",只是规模不大而已。(白天白《解放前贵阳的两广餐馆》,见政协贵阳市云岩区委员会编《云岩文史资料选辑》第八辑,第52—53页)不过,根据报纸广告,金龙酒家似非开在市场路,而是在盐行路——"金龙酒家:罐头食物,晨早粤点,广东腊肠,各地土产。地址:盐行路。"[《贵州日报》(革命日报)1941年11月29日第3版]

真正做成大型粤菜馆的,是1941年5月25日在市中心区大十字三山路投资20万元开设的冠生园。(《冠生园贵阳支店廿五日开业》,载《贵州日报》1941年5月24日第1版)抗战全面爆发后,冠生园以食品工业救国为号召全面撤向西南,并得到当局的支持,而他们无论在哪里开分店,无不是当地食品与餐饮业的标杆,在贵阳自然也不例外:每天早点部门要做四五百元的生意,做糕点的白糖每个月都要耗用十万八万斤。量的背后是质:设立专门的堆糖仓库以保证生产需要,如遇购入不纯白糖则加工提炼后再用。1943年冼冠生还专门驻足贵阳经年,精心筹划事业发展之外,更严格制定落实规章制度,比如服务人员在营业时间只能站着，不准坐着，不准吸烟。但珍惜有用人才，不轻易惩罚下属，并随时注意奖掖、激励认真工作者；职工主动离职后，他日要求再来，他照样收用，不予责怪。（白天白《解放前贵阳的两广餐馆》，见政协贵阳市云岩区委员会编《云岩文史资料选辑》第八辑，第55页）真是少见的良心企业！

名人笔下的冠生园，较早见于叶圣陶的笔端。1942年他从成都去了一趟桂林，途经贵阳，5月18日晨间，"宋玉书来，邀余与彬然同出，进茶点于冠生园"。（叶圣陶《蓉桂往返日记》，见《我与四川：叶圣陶的第二故乡》，四川文艺出版社2017年版，第157页）无论在杭州、上海、武汉、重庆、昆明，都会上粤菜馆，更会上冠生园的著名的合肥张家长公子，即合肥四姐妹的大弟弟张宗和，在他的日记中留下了战后屡上贵阳冠生园的记录；虽然评价不算高——战后冼冠生的生产经营重心回归上海，贵阳显得有些鞭长莫及，原也正常，但已经算好了，不然张宗和也不会屡往就食：

1947年10月7日：公共汽车（回贵大）还早，我去到冠生园吃了咖啡，点心都不高明。

1947年11月17日：在冠生园吃了两根春卷、两个叉烧包子，一点也不好。

1947年12月1日：到一点起来，在冠生园吃菜饭。

1948 年 4 月 9 日：到冠生园，中饭没有吃，我也吃不了，吃一点点心。

1948 年 5 月 31 日：到冠生园买预备明天请客的东西，火腿、肉松、鸭蛋、面、糖等。公共汽车没有，决定等下午的校车，于是先到冠生园喝茶，写信给文思。刚写了两句，来了个疯子，穿的很好，坐下就大说大骂孙中山、蒋介石，全骂，乱说，说的不停，自己又叫又唱。叫了饭吃了，走了。他走后，我才来定定心心的写信。我也要个牛肉蛋炒饭，吃了才一点半。

1948 年 6 月 5 日：一同到冠生园吃早点，有戴、戴、余、昚、我五人，余其心出的钱。（《张宗和日记》第四卷，浙江大学出版社 2021 年版，第 115、140、146、242、280、283 页）

但是，冠生园毕竟是上海粤菜馆出身，或者说海派粤菜的味道，真正地道的大粤菜馆，可能还数大三元酒家！据主要创办者广东高州人张祖谋自述，1944 年 5 月长沙沦陷，衡阳紧急疏散，他在衡阳开电机米厂和南园酒家的堂兄张华球仓皇带领该店员工 30 余人逃难到贵阳。困顿之中，找同乡好友李道修商量合伙投资经营广东餐馆，以便安排这批逃难者；李道修占股本三分之二当董事长，张华球当经理，他则继续负责在芷江机场运石料的三辆汽车，不参与具体事务。遂盘下紧挨大十

241

字闹市区的中山东路华华茶厅及其后面的杏花村川菜馆，并打通装修为一体，分设四个大厅，可摆设百张餐桌，能同时容纳六七百名顾客进餐，袭用原广州名扬中外的"大三元酒家"老字号作为招牌，于1944年11月开张营业，成为贵阳市当时最大的一家餐馆。生意也一时兴隆，坐客常满，孰料中途也遭一厄，即抗战胜利后，军纪巡回检查团检查发现，大三元酒家供应贵阳美军面包，经手军需收受了百分之二十回扣，中饱私囊，经理张华球也因此被控协助贪污罪，后虽经李道修打通关节花大价钱保释出狱，却已如惊弓之鸟，远走香港。仓促之中，张祖谋只好亲自披挂上阵，反倒开创了大三元的新时代。

在招揽顾客增加营业上，张祖谋首先调动自己在运输行业的资源，与人合伙在大三元楼下开设"联安运输商行"，又与人合伙开办"粤桂贸易商行"代理进出口业务，让这些往来生意和业务人员多多帮衬，很快出现排队等位现象。餐馆也进一步突出广州特色，完全按照广州茶楼酒馆方式装修。出品讲求地道，烹饪师、点心师、面包师、糖果师等大部分曾在广州南园酒家、鹰园酒家、衡阳南园酒家、昌生园酒家和贵阳五羊酒家、金龙酒家等著名粤菜馆担任师傅多年。食材供应，更求地道。比如，专门培养了一位了解老广吃鸡要求的伍姓鸡贩，收购符合要求的品种，并保证长期供应。又如，专门找了几个会制沙河粉的老乡开了一间专供店（有余力才供给其他餐馆）；连面条师傅都是请的会制作老广喜欢吃的鸡蛋面的钱钜——他可曾是孙科的家厨。因此，无论山珍海味，无不制作精良，色香味俱佳；"星期美点"不仅品种丰富，所制作的各种西点、面包西人都高度认可；其他如中秋月饼、香肠、腊肉、腊鸭、金银肝、油鸡、白切鸡、烧鸡、叉烧、乳猪等外卖食品也品种丰富，供不应求。抗战胜利后，国民党中宣部部长广东高要人梁寒操来贵阳宣慰，两广同乡会在大三元设宴欢迎时，其欣然题写了"贵阳大三元酒家"的招牌。那么喜欢上粤菜馆的张宗和，自然也是去过的："（1947年10月19日）快到十二点，到'大三元'吃茶，吃点心，又叫了一盘叉烧肉，也没有吃完。"（《张宗和日记》第四卷，第123页）

从某种意义上说，大三元也引领整个贵阳粤菜馆进入了黄金时代；张祖谋说：与大三元同时的比较大型的粤菜馆，还有冠生园、五羊、金龙、百乐门、南园、东园、安乐华、桃园等8家，以及比较小的珠江、广东、银龙、岭南楼、红棉等5家。小小贵阳，一时云集至少13家粤菜馆，堪称不小的奇迹。只是随着抗战胜利，大批留居贵阳的广东人还乡，粤菜馆渐趋低迷，只有冠生园、大三园、桃园三家能坚持到新中国成立之后。（张祖谋《大三元酒家》，贵阳市政协编《贵阳商业的变迁》，贵州人民出版社2012年版，第100—102页）

可是，张祖谋为什么一言不提赫赫有名的四海酒家呢？回忆显然是有偏颇的。而且南园也曾颇有声名，它在《中央日报》打广告说，"名茶粤点，粉饭伊面"之外，还"每晚加奏中西音乐助兴"。（《中央日报》贵阳版，1943年9月6日第4版）百乐门也曾努力精益求精："大十字百乐门粤菜厅讲求夏令卫生起见，特兴工整洁内部，一俟工竣，继续营业。"（《百乐门茶厅广告》，载《中央日报》贵阳版 1946 年 6 月 14 日第 1 版）此外还有大利春和生生园两家粤菜馆他根本没有提及："本店重金聘请前五羊茶室南粤名师，精制粤点西饼及茗茶，开始为众服务，诸君请来一试。大利春饭店启。中山路贵阳大戏院西首。"（《大利春饭店广告》，载《中央日报》贵阳版 1943 年 6 月 15 日第 4 版）"生生园二楼茶厅自下月一日起增设粤式名点，第一期名点：（咸品）岭南香肠卷、银牙滑粉筒、明炉叉烧包、冬菰蒸烧卖、荷兰鸡碌结、挂炉京鸭苏；（甜品）鸡油马拉糕、玫瑰豆沙包、鲜奶猪油包、焗牛油布甸、伊府细面。门市局另有盒装发售。中华路光明路口。"（《生生园广告》，载《贵州日报》1940 年 10 月 28 日第 1 版）

如此一来，短短数年之间，贵阳即涌现出班班可考的粤菜馆十六家，有的还是贵阳首屈一指的大饭店，比起天津百余年间才考证出有名目的粤菜馆十七家（详见前文《粤海通津：民国天津的粤菜馆》），也可谓"食在广州"向外传播的一道盛景了。

从上文看，贵阳的粤菜馆与衡阳颇有渊源，而衡阳粤菜馆的记录总的来说并不多，相关情况，便一并附记于文末。衡阳的粤菜馆，其实也多因抗战而兴，因为衡阳起初属于后方，西南联大的组成学校北大、清华、南开及其他多所高校，开始都是先迁到长沙，其中一些院校因为校舍不够而分散到衡山，衡阳的酒店包括粤菜馆还曾成为中转站。郑天挺先生就是其

中一员："1938年2月15日：七时入衡阳城，先至广州酒家，房屋不足，仍分住于乐园及广州酒家。"（《郑天挺西南联大日记》，中华书局2018年版，第20页）常任侠先生则明确说到这些酒店因抗战而兴的情形："1938年9月23日晚间，乘车赴衡阳，十时抵城。沿途军用交通车辆甚多，并有修理厂。衡山新迁军事机关甚多，城内新辟马路，尚未休整。新开大饭店大酒楼无数，皆是几间臭房子，冠以酒店之名。一小房间，一宿价辄二元。"（常任侠《战云纪事》，海天出版社1999年版，第139页）萧善卿《抗战时期的衡阳市饮食业》（见政协衡阳市委员会主编《衡阳抗战铸名城》，中国文史出版社2005年版）据湖南省民生日用品购销处刊发的《购销旬刊》指出，到1944年4月，衡阳的"酒家已达80家"，较战前增加8倍，更能说明这一点。文章还说到"广帮的南园酒家、白云酒家、珠江楼"等，惜未提及大三元。

靠海吃海

晚清民国的潮州菜

　　"食在广州"蜚声于外，然而在广东省内又有"食在广州，味出潮州"之说。历史上，潮州人长期在东南亚地区闯荡谋生，最擅利用东南亚的香料烹制食物，最典型的是制作潮菜卤水，动辄用十数种乃至数十种香料。如此方独步天下。早在20世纪80年代中后期，岭南文化研究学者黄树森教授，便认为潮州菜将作为粤菜的新先锋，"会以每年五百里的速度"北渐，于今视之，若为当然。其实在更早的晚清民国时期，潮州菜已经开启了北渐的进程。

从韩愈《初南食贻元十八协律》
到方澍《潮州杂咏》

说起潮州饮食，几乎所有人都会引韩愈《初南食贻元十八协律》作为其最重要的起源：

　　　　鲎实如惠文，骨眼相负行。

　　　　蚝相黏为山，百十各自生。

　　　　蒲鱼尾如蛇，口眼不相营。

　　　　蛤即是虾蟆，同实浪异名。

　　　　章举马甲柱，斗以怪自呈。

　　　　其余数十种，莫不可叹惊。

　　　　我来御魑魅，自宜味南烹。

　　　　调以咸与酸，芼以椒与橙。

　　　　腥臊始发越，咀吞面汗骍。

　　　　惟蛇旧所识，实惮口眼狞。

　　　　开笼听其去，郁屈尚不平。

　　　　卖尔非我罪，不屠岂非情。

　　　　不祈灵珠报，幸无嫌怨并。

　　　　聊歌以记之，又以告同行。

但这首诗只与潮州沾了边——贬谪潮州途中作，与潮州饮食则毫无关系，实在不足为证；诗写的应该是他进入珠三角之后、到达广州前，第一次吃海鲜以及蛙蛇等岭南食物的记录和感受。钱仲联先生在《韩昌黎诗系年集释》中说："魏本引樊汝霖曰：'元和十四年抵潮州后作也。'补释：前《赠别元十八诗》（即《赠别元十八协律六首》），寻其叙述，盖途次相别。则这些诗不应为抵潮州后作。"（上海古籍出版社1984年版，卷十一，第1133页）诗的结句"聊歌以记之，又以告同行"之"同行"，同系呼应标题之"元十八协律"。元十八，名集虚，字克己，前协律郎，时在桂管观察使裴行立幕。据《赠别元十八协律六首》及钱钟联的集释，元十八乃奉其主公裴行立之命，迎问韩愈于贬途，觊赠书药，如其二所言：

英英桂林伯，实惟文武特。

远劳从事贤，来吊逐臣色。

南裔多山海，道里屡纡直。

风波无程期，所忧动不测。

子行诚艰难，我去未穷极。

临别且何言，有泪不可拭。

其四亦有言及：

势要情所重，排斥则埃尘。

骨肉未免然，又况四海人。

巍巍桂林伯，矫矫义勇身。

生平所未识，待我逾交亲。

遗我数幅书，继以药物珍。

药物防瘴疠，书劝养形神。

不知四罪地，岂有再起辰。

穷途致感激，肝胆还轮囷。

来时过龙城柳州，还带来了柳宗元的关切和问候；柳宗元作有《送元十八山人南游序》。又《赠别元十八协律六首》其三曰：

吾友柳子厚，其人艺且贤。

吾未识子时，已览赠子篇。

寤寐想风采，于今已三年。

不意流窜路，旬日同食眠。

所闻昔已多，所得今过前。

如何又须别，使我抱悁悁。

元十八与韩愈相会的地点，当在今三水地，因为三水乃东江、北江、西江三江交汇之地，至此以下，即称珠江了。从韩愈一系列纪行诗看，他是从大庾岭入粤，然后走水道沿北江南下。元十八则必定沿西江水系一路而来，断无另觅难途之理。从《赠别元十八协律六首》其六看，他们在三水相会之后，进

入珠江三角洲，经广州往东南去向潮州，大约在扶胥即广州东南今南海神庙一带握手话别，并致意柳子：

> 寄书龙城守，君骥何时秣。
>
> 峡山逢飓风，雷电助撞捽。
>
> 乘潮簸扶胥，近岸指一发。
>
> 两岩虽云牢，水石互飞发。
>
> 屯门虽云高，亦映波浪没。
>
> 余罪不足惜，子生未宜忽。
>
> 胡为不忍别，感谢情至骨。

（《韩昌黎诗系年集释》卷十一，

上海古籍出版社 2007 年版，第 1123—1132 页）

如此，"初南食"必不在"赠别"之后，钱仲联系于"赠别六首"之前，正是此理。无论如何，与潮州饮食没有关系。

韩愈的《初南食贻元十八协律》无关潮州，虽为憾事，但近人方澍的《潮洲杂咏》，却也十分值得珍视；该诗刊于陈独秀主持的《青年杂志》1915 年第 1 期，乃笔者治岭南饮食文化史多年，"食在广州"百余年来更是名满天下表征民国的情形下，难得一见的经典文献，堪与韩愈的《初南食贻元十八协律》和赵翼的《食田鸡戏作》鼎足而三，更是关于潮州饮食最重要的早期文献之一。作者方澍，字六岳，安徽无为人，桐城派鼻祖方苞后人，光绪二十年举人，负有诗才（2014 年，后人曾收集整理其存诗为《六岳诗选评注》，由黄山书社出版）。为李鸿章所赏识，入幕并充馆师。亦与陈独秀等相友善。曾宦游岭南，著有《岭南咏稿》二卷，所"写粤中风物殊肖"，《潮州杂咏》即是其代表。诗虽发表于1915年，实写于1892年游幕潮州时，时年36岁。全诗如下：

薏苡能胜瘴，兴渠每佐餐。家书缄未发，强病说平安。南风袭绤葛，北风御裘裳。四时备一日，行觅养生方。绿蔗畦千顷，白云山四围。不教畏霜雪，背叶鹧鸪飞。自续《游仙引》，微闻《水调歌》。三冬中炎疫，煎取兜娄婆。苦竹支离笋，甘蕉次第花。鸡栖豚栅外，三两野人家。唧唧入筵鼠，寸寸自断虫。飞飞鲗似燕，高御海天风。禅悦晨含笑，灯明夜合欢。一空依傍好，壁上倒风阑。旷野栟榈屋，清溪笭箵烟。举筯荐蚶瓦，荷铲种蚝田。朝着抱木屐，暮藉流黄席。百和螺屧香，沈沈坐苔石。竹鸡能化蚁，啄木能食蠹，那更畜猿狖，田间捕寒兔。海月拾乌榜，蛤蜊劈白肪。晶盘盛瓜珀，斑管谱糖霜。波波岸将转，冷冷水始波。云霞出文贝，丹绌络缨螺。柳絮化飘萍，茑萝附高枝。何如五子树，生辰不相离。已成巾早漉，未及瓮迟开。醉读东坡赋，还沽酒子来。布灰数罟后，乘潮张罾初。鳗鲡陟山阜，缘木可求鱼。呴呴斥卤滨，耕作聚田畛。但插占城稻，何因植丽春。蟛蜞糁盐豉，园蔬同鬲熬。尔雅读非病，人应笑老饕。晨兴调鹦鹉，晴日上东窗。悯尔樊笼鸟，呼余是外江。两岸乌须鲴，一丈龙头虾。无弦更堪听，水底响琵琶。水蛭空潭活，蚰蜒破灶多。古称瘴疠地，旅食近如何？别扬污菜远，非关壤地开。落花成颗粒，涂豆满山栽。葛丝采处处，生芑绩家家。漂澼新蕉布，比于波罗麻。食熊与食蜗，肥瘦异形骸。菁芜变为芥，犹是橘逾淮。檐蔔雪为花，山樊花似雪。道逢逐臭人，泾浊渭清洁。木棉不可衣，榕林不可薪。愿救饥与寒，珠玉何足珍。

先对其中与饮食有关的诗句略作疏解：

薏苡能胜瘴，兴渠每佐餐——岭南瘴疠之地，薏米能够治瘴疠，还常有兴渠（又名阿魏，一种原产印度的香料）佐餐而食。

三冬中炎疫，煎取兜娄婆——岭南冬天都有热病，便煎了又名苏合香，有开窍辟秽，开郁豁痰，行气止痛功效的兜娄婆来御疾。

苦竹支离笋，甘蕉次第花——苦竹陆续长笋，香蕉先后开花。

唧唧入筵鼠，寸寸自断虫——入筵鼠即蜜饯乳鼠，因用蜜涂了，但还活着，吃的时候还唧唧叫呢；自断虫即禾虫，禾熟时期，寸寸自断，煮食鲜美无比。

飞飞鲆似燕，高御海天风——鲆鱼飞出海面像燕子似的。鲆鱼肉质细嫩而洁白，味鲜美而肥腴，补虚益气。

举筋荐蚶瓦，荷铲种蚝田——蚶瓦，即俗称瓦垄子或瓦楞子的一种小贝壳，生活在浅海泥沙中，肉味鲜美。唐代刘恂《岭表录异》说："广人尤重之，多烧以荐酒，俗呼为天脔炙。"著名作家高阳认为即是血蚶，"烫半熟，以葱姜酱油，或红腐乳卤凉拌"，甚美。种蚝田，即到海边滩涂中放养小蚝。

海月拾鸟榜，蛤蜊劈白肪——《食疗本草》说海月这种壳质极薄、呈半透明状的贝壳："主消痰，以生椒酱调和食之良。能消诸食，使人易饥。"崔禹锡《食经》则说："主利大小肠，除关格，黄疸，消渴。"蛤蜊，也是一种贝壳，佳者称西施舌，肉质鲜美无比，被称为"天下第一鲜""百味之冠"。

晶盘盛瓜珀，斑管谱糖霜——瓜珀即水果腌制加工而成凉果，在潮州地区尤其发达，畅销海内外。斑管，即毛笔，谱糖霜，写下糖霜谱。糖霜即精制的白糖，用以表示糖的精良。潮汕平原是中国著名的蔗糖产区，蔗糖品种多，质量佳，足堪作谱立传。

布灰数罟后，乘潮张鬣初。鳗鲡陟山阜，缘木可求鱼——明代黄衷《海语》详细描述了如何在海鳗随潮水涌到山上去吃草的路上，布下草灰陷阱以捕捉的情形："鳗鲡大者，身径如磨，盘长丈六七尺，枪觜锯齿，遇人辄斗，数十为队，朝随盛潮陟山而草食，所经之路渐如沟涧，夜则咸涎发光。舶人以是知鳗鲡之所集也，燃灰厚布路中，遇灰体涩，移时乃困。海人

杀而啖之，其皮厚近一寸，肉殊美。"山上能捉到鳗鱼，就如同树上能捉到鱼一样。

蟛蜞糁盐豉，园蔬同鬲熬——蟛蜞是一种小蟹，一般认为是有毒的，"多食发吐痢"，所以一些广东人将其用来喂鸭肥田。但经过潮州人烹制出来，已是味道绝佳的无毒海鲜。屈大均《广东新语》的解释是："入盐水中，经两月，熬水为液，投以柑橘之皮，其味佳绝。"并赋诗赞叹："风俗园蔬似，朝朝下白黏。难腥因淡水，易熟为多盐。"

从上面所引诗句及其疏解中，我们可以了解到潮州地区的一些特色饮食，而其传统则不出岭南的主流，或许这也是传统潮州饮食文献鲜见单列的原因。或者在主流传统之中，其烹制方法有特别之处，连诗的作者方澍也欣然有得，故在诗的后半说："尔雅读非病，人应笑老饕。"有这么好吃的潮州菜，思乡之苦，大可舒解了。

○《梦厂杂著》开启的潮州工夫茶书写 ○

潮州饮食，最具象征意义的，莫过于工夫茶；工夫茶始于何时姑且不论，最早的经典性描述，莫过于清乾嘉年间绍兴人俞蛟的《潮州工夫茶》：

工夫茶，烹治之法，本诸陆羽《茶经》，而器具更有精致。炉形如截筒，高约一尺二三寸，以细白泥为之。壶出宜兴窑者最佳，圆体扁腹，努嘴曲柄，大者可受半升许。杯盘，则花瓷居多，内外写山水人物，极工致，类非近代物，然无款志，制自何年，不能考也。炉及壶盘各一，惟杯之数，则视客之多寡。杯小而盘如满月，比外尚有瓦铛、棕垫、纸扇、竹夹，制皆朴雅。壶盘与杯，旧而佳者，贵如拱璧。寻常舟中，不易得也。先将泉水贮铛，用细炭煎至初沸，投闽茶于壶内，冲之。盖定，复遍浇其上，然后斟而细呷之，气味芳烈，较嚼梅花，更为清绝，非捭战轰饮者，得领其风味。余见万花主人，于程江"月儿舟"中题《吃茶诗》云："宴罢归来月满阑，褪衣独坐兴阑珊；左家娇女风流甚，为我除烦煮凤团。小鼎繁声逗响泉，篷窗夜静话联蝉；一杯细啜清于雪，不羡蒙山活火煎。"蜀茶久不至矣，今舟中所尚者，惟武彝，极佳者每斤需白镪二枚。六篷船中，食用之奢，可想见焉。（《梦厂杂著》卷十《潮嘉风月》，上海古籍出版社1988年版，第183页）

同光年间曾任两广盐运使兼广东布政使的安徽定远人方浚颐，也视工夫茶为经典名茶——堪与顶级的武夷苦珠茶相媲美："价过龙团饼，珍逾雀舌尖。主人真好客，活火为频添。潮州工夫茶，甘香不如是。君山犹逊之，阳羡差可比。"（《苦珠茶出武夷山每斛索价银十六两》，见《二知轩诗续钞》卷十四，清同治刻本）

方氏所言工夫茶，非指泡茶之法而指茶叶，这工夫茶叶，当指潮州产待诏茶，也叫黄茶。顺治《潮州府志》卷一说："凤山茶佳，亦名待诏茶，亦名黄茶。"嘉庆《大清一统志》也说："待诏山，在饶平县西南三十里。土人种茶其上，俗称待诏茶。四时杂花不绝，亦名百花山。"（《四部丛刊续编》，卷四百四十六）福建漳浦人蓝鼎元（1680—1733，曾为官潮州）的《饶平县图说》也有记述："待诏山产土茶，潮郡以待诏茶著矣。"（《鹿洲初集》卷十二，文渊阁四库全书本）曾游幕岭南居停潮州的江西临川人乐钧（1766—1814），作有《韩江棹歌一百首》，亦有咏及："百花山顶凤山窝，岁岁茶人踏臂歌。阿姊采茶侬采芋，不知甘苦定如何。"并自注曰："饶平百花山，一名待诏山，产茶，名待诏茶。潮阳出凤山茶，皋芦叶名苦芋，芋一作荼，粤人烹茶必点芋少许以为佳。"（《青芝山馆诗集》卷八，嘉庆二十二年刻后印本）当然，最美的吟咏，来自归籍岭东的丘逢甲，其《饶平杂诗十六首》有云："古洞云深锁百花，香泉飞饮万人家。春风吹出越溪女，来摘山中待诏茶。"（《岭云海日楼诗钞》卷六，民国铅印本）

晚近写工夫茶最好的，则非杭州人徐珂（1869—1928）莫属。1927年，他连续写了两篇文章加五则笔记，记叙他在上海享用工夫茶的经历，真是为工夫茶以及潮州菜留下了十分可贵的文献材料。他的一篇《茶饭双叙》说：

> 沪俗宴会，有和酒双叙。和酒，饮博也，珂今乃得茶饭之双叙矣。丁卯（1927）仲冬二十日，访潮阳陈质庵（彬）、蒙庵（彰）于其寓庐。凤闻潮人重工夫茶，以纳交有年，遂以请。主人曰："吾潮品工夫茶者，例以书僮司茶事，今无之，我当自任，惟非熟手，勿哂我。"乃自汲水烹于小炉，列茶具于几。茶具者，一罐子（潮人呼以呼壶，壶甚小，类浙江人之麻油壶），置于径五寸之盘，而衬以圆毡，防壶之滑也。四杯至小，以六七寸之盘盛之。别有大碗一，为倾水之用。小炉之水沸，以之浇空壶、空杯之中及四周，少顷倾水于大碗。入武彝铁观音于壶，令满，旋注茶叶于四杯，注汁时必分数次，使四杯所受之汁，浓淡平均，不能俟满第一杯而注第二杯也。饮时，一杯分两口适罄，第一口宜缓，咀其味，第二口稍快，惧其温暾，饮讫且可就杯嗅其香。入茶叶于壶一泡，一泡可注沸水七八次（七八次后之叶倾入大壶，注沸水饮之犹有味）。

我们今天经典的工夫茶饮法，就是如此；有人说今天的工

夫茶是后来的花哨化，从这篇文章看，非也，的确是原本如此——潮州工夫茶道早已很成形很成熟了，就其作为一种非物质文化遗产而言，恐怕也是传承得非常好的。饮完工夫茶，接着吃了潮州菜，也是特色分明：

> 主人饷两泡，屡我欲矣，既而授餐，则沪馔、潮馔兼有之。龙虾片以橘油（味酸甜）蘸食也，白汁煎带鱼也，芹菜炒乌鱼则鱼也，炒迦蓝菜（一名橄榄菜）也，皆潮馔也。又有购自潮州酒楼之火锅（潮人亦呼为边炉，而与广州大异），其中食品有十：鱼饺（鱼肉为皮实以豕肉）也，鱼条（切成片中有红色之馅）也，鱼圆（潮俗鱼圆以坚实为贵）也，鱼柔鱼也，青鱼也，猪肚也，猪肺也，假鱼肚（即肉皮，沪亦有之）也，潮阳芋也，胶州白菜也，汤至清而无油，无咸味，嗜食淡者喜之。苟饮醉心，午餐饱德。珂两客羊城，屡屡广州之茶馔，而潮味今始尝之，至感质庵、蒙庵之好客也。

正文之末，另附"外三则"，于工夫茶和潮州菜，均属有益的文献：

> 是日平湖陈巨来（斝）亦在坐，为言江都夏

宜滋（同宪）好品茶，与香山欧阳石芝（柱）有同好，蓄茗茶至十余种之多。有作荷花香者，且有茶圃于沪，京与石芝共之。

质庵言潮人立冬，例享芋饭，以豕肉、鲩鱼、虾仁羼入，农家尤重之，盖力田一年，自为农隙之慰劳也。

蒙庵云：潮人日三餐，异于广州之二餐。晨以粥，午晚皆饭，入夜亦或有食粥者曰"夜粥"，非若广州之呼"宵夜"也。又云潮之饭异于江浙，先煮米为粥，于粥中捞取干者为饭。珂曰：此亦予之所谓一举两得也。蒙庵又云：潮以富称，而窭人子亦有常日三餐为粥者。

茶具兴奋，恒损眠，铁观音尤甚。珂饮二泡，巨来曰，今夕必无眠。然自陈家归时已四时，即假寐，至晡始醒，睡至酣也。（《康居笔记汇函》第一五四则，山西古籍出版社1997年版，第360—362页）

这陈巨来，可是有"三百年来第一人"之誉的著名篆刻家，而其遗稿《安持人物琐忆》，经著名作家和学者施蛰存之手在《万象》连载七年，风靡一时，被誉为民国版《世说新语》，其中赫然有《记陈蒙安》一文——书中"陈蒙安"亦写作"陈蒙庵"：

蒙安，名运彰，又字君谟，斋名纫芳簃（生于乙巳，与余同庚），广东潮阳人。其父名开，字青峰，为一目不识丁之商人，相貌堂堂，静坐不谈时，望之若清末大员也。据其自告余云：清光绪中叶，渠一人自潮州坐小木船漂洋过海来到上海，抵埠后，身上只余二角小洋，铜元四十多个而已。幸得同乡收留，给以资本，先作小贩，后开小烟铺，再开土膏店、行，始成家立业云云。入民国后，即将所有土膏店、行完全收歇，改营钱庄业了。一帆风顺，遂致大富，专收购中国银行股票。在甲子前后，正其鼎盛之时也，房地产无数，大弄堂五，以仁（和里）、义（和里）、礼、智、信为排列。钱庄亦五家，均独资者也。生子二，长运彬，次即蒙安也。

由此我们知道，当日他们得享如此讲究之工夫茶与潮州菜，以其家世富豪也。陈蒙安秉承潮人的传统，富而好文，大约是其邀约徐珂及陈巨来的原因之一。特别是拜晚清四大家之一的况周颐为师之后，学业精进，一时成为沪上名流，足以为潮人荣光，惜今人多不知：

据蒙安云，曾在复旦大学读书，但未毕业也。渠至况氏拜师，乃毛遂自荐，奉巨金为束修，况公时正窘乏，故即允以学生相待耳。蒙安自拜师之后，拜能勤于用功，故况公对之与叔雍相等，有词来，总详为改削，故学业日进……风格神气，独具一路。时况公已故，渠竟目中无人矣。故人皆以"十大（小）狂人"之一尊之。余今日平心论之，上比第一狂人冒效鲁（鹤亭之子）相差太远，与丹徒诗人许效庳（德高）、九江文人吕贞白（传元）在伯仲之间，若邓粪翁、陈小蝶，则远不如蒙安矣。

文中赵叔雍即因编刊《明词汇刊》有功有名于学界的赵尊岳；冒效鲁则是明末清初著名的"四公子"之一如皋冒辟疆后人，著名文化人冒广生（字鹤亭，因出生于广州而得名，曾任广州中山大学教授）第三子。陈蒙安能有此声名，因为他除为况氏入室弟子外，在"况公逝世后，渠又诣冯君木、程子大（颂万）二家请益"。程颂万即程千帆先生叔祖父及家学渊源所系。因此之故，陈巨来与其过从甚密："余多识篆隶，独于大草，竟未多读，几同盲人，总先求蒙安，后请李公，二人所示无不同也。蒙安又尝与余拟收集近代印人一百零八人，仿清人某某所作诗坛点将录例，写成印坛点将录……原稿十之八九，均为蒙安手书者。"（《安持人物琐忆》，上海书画出版社 2011 年版，第 137—138 页）

此篇之外，陈巨来又在《记十大狂人事》一文中专立"陈蒙庵"一节，且列在第三，颇加揄扬："陈蒙庵，此人与前二公（冒效鲁、沈剑知）迥然不同。他殆一世中从无二色之正人君子也。"而由此文也知道，他乃著名的上海圣约翰大学教授："与赵叔雍二人，时时彼此奚落，余时时见之。但平心论之，文字似不在叔雍之下也，否则圣约翰大学亦不致聘之为文学教师也。而他能挈况大作助教，且为之每日准备课文，每与函及文，总曰某某教授兄，此则不负师门，余至今认为可嘉之事。"（同前书，第180页）上文也说到他与妻子吵架后，大约因"读了《离骚》的原故吧，遂效三闾大夫之行吟，辞了大学教授，往杭州投湖自杀"。只是不知高校合并后，他归属于哪个大学。而其揄扬陈蒙安，或不独因交往，亦因沾亲带故——陈巨来之内子况绵初，乃陈蒙安尊师况周颐之女公子也。

不久之后，徐珂又与陈巨来书所提到的陈蒙安常相请益的程子大往访陈蒙安，也是得饷工夫茶与潮州菜；茶与菜均不同于前次，亦足资记取：

丁卯腊八后六日，与程子大丈访质、蒙庵，亦以工夫茶相饷，则见有至自暹逻之茗壶。以砂为之，似宜兴色淡，其当有篆文之章，远望之疑为曼生壶。亭午亦留饭，馔为前所未有。辣椒酱（来自暹罗，其中疑有鱼类羼入）炒牛肉丝也，脯（潮人于肉类之干者皆曰脯，鲗鲼为脯，鲜时食之味较逊）炒猪肉丝也，鸭脯（以鸭入酱油浸透，

更蒸竹蔗皮董之，竹蔗与广州之蔗、唐栖之蔗皆
异，沪无之，乃代以崇明芦粟之皮）也。火锅中
为青鱼头及笋，不加油，亦潮食也。(《康居笔记
汇函》第一五五则《工夫茶》，山西古籍出版社
1997 年版，第 362 页）

由上可知，徐珂非常喜欢工夫茶和潮州菜，但他的皇皇巨
编《清稗类钞》，却只抄录到一则《潮州人食蔗虫》，或可见出
潮州菜在民初尚未见著于文辞：

> 蔗虫性凉，杭人极贵之，出痘险者，赖以助
> 浆，然不可多得也。潮州蔗田接壤，蔗虫往往有
> 之，形似蚕蛹而小，味极甘美，居人每炙以佐酒。
> 姚秋芷茂才承宪尝赋二律咏之，其次首云："蕴隆
> 连日赋虫虫，浊念寒浆解热中。佳境不须疑有蠹，
> 庶生原可庆斯螽。(凡草植之则正生，此嫡出也。
> 甘蔗以斜生，所谓庶出也。吕惠卿对宋仁宗语。)
> 似谁折节吟腰细，笑彼衔花蜜口空。毕竟冰心难
> 共语，一樽愁绝对蛮风。"(《清稗类钞》第 13 册，
> 中华书局 1986 年版，第 6496 页）

此则似钞自梁绍壬《两般秋雨盦随笔》(卷八"蔗虫"条，
上海古籍出版社 1982 年版，第 409 页），因为文字完全相似，

只是不知其最初出处，因为王端履《重论文斋笔录》（道光二十六年授宜堂刻本）卷八亦有录，虽更简略，然多加按语：

> 蔗虫性极凉，出痘险者，可以助浆，然不可多得也。广东潮州，蔗田接壤，蔗虫往往有之，形如蚕蛹而小，味极甘美。姚秋芷承宪咏以一律云："蕴隆连日赋虫虫，浊念寒浆解热中。佳境不须疑有蠹，庶生原可庆斯螽。似谁折节吟腰细，笑彼衔花蜜口空。毕竟冰心难共语，一樽愁绝对蛮风。"端履案：痘有寒热虚实之分，蔗虫用疗热证则可，若虚寒者一概用之，则鲜不偾事矣。又杭人言：用活鸽割之，覆于患者胸前，谓可以起浆，此施之于寒证方效，若热证以此治之，亦败坏而不可收拾矣。可不慎哉！

徐珂固喜欢潮州工夫茶，然未至于推崇，真正推崇潮州工夫茶的文献，当首推飘萍于1933年在上海《中华周报》第90期刊发《香港回忆琐记之九·香港的茶居》一文，乃是直接把潮州工夫茶推为中国之首："中国人对于饮茶确实有研究的，要算广东的潮州人。我在汕头住过三年，觉得潮州人饮茶十分讲究。他们不用大碗，而用仅有五分高大的泥小杯，茶壶是异常巧小，客来，只奉小杯茶一杯，茶味浓得像咖啡，但，不会苦口，咽下去似乎还希望第二杯到来，可惜，主人只许奉一杯。我们饮茶是一杯一口地咽下，真不失为牛饮，而潮州人则不然，他们把茶杯放在嘴唇边，一点一滴却去尝茶味，他们是饮茶，不是解渴。"

稍后数年，山石的《茶与粤人》[载《社会科学》（广州）1937 年第 6 期，第 21—23 页] 亦作如是观。文章先宏观地说广东人嗜茶弥笃，并举省城广州为例曰："粤人嗜茶之弥笃，吾人试观粤省之茶楼、茶室、茶庄，以及嗜茶之大众，便见一斑。单就广州市来说，茶楼达一百六十余间，茶室一百三十余间，大小茶庄不下六十余间，茶点粉面行大小七百余家……"接着笔锋一转，借以大肆推崇起潮州工夫茶来："然广州人虽餐茶，远不若潮州人之甚。我看潮州人饮茶，若极有分寸，以家居言，客至，端茶请客，茗盘之上，端起几只小茶杯，如果客人是内行，则当举杯到口之时，必细斟慢酌，一若无限滋味也者，然后谓之有研究。若一举而尽，则谓之外行。潮人所用之茶壶，尤为讲究，据说茶渍越多，茶壶越有价值，多至不要茶叶而饮时有茶味者为珍品，甚之讲身价财产亦以茶壶为对者，闻家藏有多渍之茶壶，亦一体面之事。其重视大抵如此。"

对潮州工夫茶的推崇，不绝如缕，而且一再推为最会饮茶的广东人的翘楚："我们恒见潮州人的饮茶甚为讲究，如茶壶巧小玲珑，茶杯小如婴嘴，他们不像掘井止渴般那样豪饮，而在悠闲地细嚼，但是广东则是大壶一罐或大杯一只，只管水到色黄，便算是茶，即使一冲再冲，驯而味淡色白，饮之每同嚼

腊，亦不之顾。"（天香《广东人饮茶三部曲》，载《快活林》
1946 年第 12 期，第 11 页）

○ 潮州菜的上海往事 ○

上海的著名学者唐振常先生说："八大菜系中无潮州菜，
大约以为潮州菜可入粤菜一系，此又不然。通行粤菜不能包括
潮州菜的特点，凡食客皆知，试看香港市上，潮州菜馆林立，
何以不标粤菜馆而皆树潮州菜之名？昔日上海，潮州菜馆颇
多，后来几近于无，近年才又抬头，尽管不地道。有的连工夫
茶也没有，问之，答说：茶具没有准备好。虽然，上海人还是
喜欢品尝。"（《所谓八大菜系——食道大乱之一》，见《饕餮
集》，辽宁教育出版社 1995 年版，第 26 页）言辞之间，既大
大地褒奖了潮州，也表明了上海人的喜爱。

然而，潮州菜之登陆上海大众媒体，逐渐广为人知，却是
在 20 世纪二三十年代以后——徐珂所记，已是 1927 年，尚未
即时刊布。依笔者陋见，较早报道潮州饮食的，是《上海常
识》1928 年第 46 期上明道的《潮州茶食店》，然仅止于茶食，
而未及于酒食，而且还说上海的潮州茶食店并不多见：

上海的茶食店真多极了。其中大概分苏州广东宁波潮州等几派。现在我先来谈潮州茶食店。潮州茶食店上海很少，只有五马路的勃朗林，和浙江路正丰街的富珍等几家。他们的出品有文旦皮、冬瓜糖、猪油软糖、花生酥、猪油软花生糖等十多种。其中尤以文旦皮和软花生糖二种为他家所没有的。文旦的皮本是废物，但是经他们制造过之后很是可口。软花生糖则松软异常，比别种茶食店里的花生糖好吃得多咧。一到中秋节他们有月饼出售，这种月饼在上海别成一式，就是潮州月饼。到了冬季，他们还有热馒头出售，味亦不劣。

说到月饼，同年的另一篇与潮州饮食有关的文献，也是谈此：

说起月饼一项，可以分为广东月饼和本地月饼二种。广东月饼中，也可以分为两派，一派是广州人做的，一派是潮州人做的。本地月饼中，也可以分为苏派和宁派。广州人做的广东月饼，南京路先施公司、冠生园等，五马路同芳居，爱东亚路张裕酿酒公司，各大小广东食物铺及虹口一带均有出售，每只的代价从几角到几元不等，他的馅子有甜果、咸百果、豆沙、绿豆蓉、南腿等多种，一只月饼差不多有半斤重呢。潮州月饼与广东月饼却两样的，一个是圆而厚，一个是大而薄，比较本地月饼，约大四五倍，五马路元利糖食店、勃郎林糖食店等，均有出售，代价较广东月饼稍廉，他的馅子是用糖与猪肉捣得烂而润的，吃起来要粘牙的。本地月饼，苏派和宁派是差不多的，他的代价较广东月饼便宜得多了。（秦福基《月饼》，载《常识周刊》1928 年第 89 期）

在上海，最著名、历史也最悠久的，不是潮州菜，而是潮州糖食店——公认的上海第一家像样的食品店，不是本帮，不是苏帮、宁帮，而是潮州帮的元利食品店；以花生糖为代表的潮州糖食店，直到抗战胜利后仍为人津津乐道：

"你是广东人吗？猪油花生糖本来是潮州特产是不是？"

"不，潮州人在城里做作场，他们是专做批发的，现在大家都在做了。"

……"近来这种生意很时髦吧，怎么会这样好？"

"这也不过是赶风气罢了。从前也有花生糖，却没有人吃，现在时髦了，吃的人便多了起来。"（嘉雪《潮州花生糖》，载《语林》1945 年第 1 卷第 3 期）

转过两年，潮州菜开始逐鹿上海饮食江湖了。但最初在上海最著名的《申报》打广告的，却并不是潮州餐厅，而只是爱多亚路太平洋西菜社新增潮州菜的广告（1930年11月3日第2版）；再从其广告内容，也恰证潮州菜此前的沉寂无闻：

> 上海各菜皆有，而潮州菜独付阙如，大可惜也。因真正之潮州菜，颇多异乎寻常比众不同之特点：一菜有一菜之做法，一菜有一菜之美味，烹调各别，所以味不雷同。但言一味鱼翅，已经妙绝人寰，其他佳肴更无论矣。本社主事，研究此道，二十余年，深知潮州菜之精美，特托潮帮名人，聘来潮州名厨多位，精治潮州名馔以应食客之需要，今已设备妥当，准于本月五日起，于原有之西菜部以外，增设潮州菜一部，不论大宴小酌，一概顺从客便。至于送菜，则暂分上午九时至下午六时，及六时至九时，又九时至一时，为三个时间，尚祈各界士女，惠临一试为幸。

《铁报》1930年11月10日第2版的广告也非常给力：

> 爱多亚路太平洋菜社，添设潮州菜，定今晚宴报界，兹录其小启如下：韩城滨海，馔品称佳，水产登厨，杯香溢洌，大抵莺花金谷，风雪旗亭，

广罗山海之珍，倍助樽罍之色，沪地红尘紫陌，舞社歌场，酿溢金樽，帘飘银杏，酒楼虽到处林立，潮菜则尚付阙如，本社特聘名厨，添张新座，无灯不电，有扇皆风，好景当窗，对酒绿红杯而倍爽，佳肴适口，助山禽野籁以俱香，所其选胜名流，随时雅集，莫嫌南食，试开北海之樽，足供东坡快赏，西楼之月，敬邀光降。

《民国日报》1930 年 11 月 11 日第 8 版的广告《太平洋添设潮州菜》也颇能突出其特色：

爱多亚路太平洋西菜社，自即日起添设潮州菜，昨日晚间七时由郑正秋，代邀新闻界，到百余人，席次郑正秋起立致词，述明潮州菜之特点，以鱼翅一味为最佳，盖本钱须费七元云。后试食之，其味浓厚，翅丝烂熟，洵与他家不同也。至九时许，始散席。

多年以后，《铁报》1936 年 12 月 28 日第 4 版发表食客的文章《粤中名厨之烹制鱼翅》，先盛称粤菜馆之鱼翅烹饪之法：

俗有"食在广州"之谚，而六十元之大翅尤为粤中食品之至贵族者。鱼翅之制法至繁，第一须火候合宜，第二须翅之本身良好。个中人言，鱼翅以南海洋之六琴为至佳。其制法，以烧肉夹炖，为无上上法。四十年前，芳岛之二奶巷□竹树坡之某俱乐部有名厨陈某所制之鱼翅，名震芳岛。其法，先买大翅一副，洗净去灰气，然后以半肥瘦烧肉，切成四五寸长，三分厚者两片，将洗净之排翅，夹于其中以草缚之，用瓦钵盛之于蒸笼上，隔水蒸至廿四小时，不许断火。另以鲍鱼切成薄片，熬□成汤，去其鲍片，盛汤待用。并买便烧猪膏、烧猪水（此物至紧要，否则不香），待至上菜时，取出排翅，弃去烧肉，烧猪水和匀，另加烧猪膏少许，落镬煮滚。上菜时，每人一小碗，每小碗一只鱼翅。如此制法，大约每碗值三元矣。制鲍鱼亦同此法，将鲍鱼稍出水，去灰气，夹入烧肉中，蒸廿四小时、惟鲍鱼要和二三分厚，其汤则另以小鲍切片，遂取而去滓存汤，临上菜，加烧猪膏、烧猪水会合，则美味非常矣。世有老饕，请依法尝试之。

最后特加编者按，突出太平洋西菜社的潮州鱼翅：

距今约七年前，上海爱多亚路广西路口，有"太平洋西菜社"，后于其楼上另辟"潮州食谱"

271

部份，以潮州名肴十大菜著名，所烹翅，尤称上海独步，盖为真正之潮州食法，每碗成本须七八元。食者须先二日预定，海上老饕，有专往尝此一味者。据已故郑正秋先生言，潮州名厨治翅，有特征，以支条粘玻璃窗上，干后紧贴不易去，他处厨司不能也。

当然，说此前并无潮州菜馆是有偏颇，前述徐珂已说到陈氏兄弟招待他们的潮州菜，有叫外卖自潮州酒店。大约其已有觉察，故一周之后，在一篇软广告性质的文章中，说上海还是有一家但也仅有一家像样的潮州菜馆，不过水平却远逊他们太平洋西菜社新增的潮州菜：

> 海上菜肆，向以徽宁两帮，最负盛名。近年以来，广州食肆，亦蓬勃而起。盖广州之食，脍炙人口，其方兴正未艾也。虽然，粤中食品，俱皆精美，不独广州为然，韩城（即潮州）之食，亦自擅风味也。
>
> 本埠潮州食肆，其规模较大者，只满庭坊徐得兴一家而已。创办者为一徐姓潮人，彼邦人士，都称其肆曰"老徐仔"，而不以市招名也。所治肴核极精美适口，非若徽宁两帮之过于油腻，而清鲜且胜于广州菜，惟以不宣传故，就食者咸为潮

人，外籍人士，鲜有过其门者。

今太平洋菜社，特聘名厨，添设潮菜，其烹调布置，远胜于徐得兴，故就食者无不称美。尤以鱼翅一味，最擅胜场。其冬令应时食品，则有鱼生边炉等，风味与市上所售者迥别，紫兰主人曾往尝试，许为知味云。（天仙《韩城之食》，载《申报》1930 年 11 月 11 日第 13 版）

不过有时为了广告的需要，睁眼说瞎话也是必要的，故他们同一天的广告还搬出著名潮籍导演郑正秋说上海没有真正的潮州菜：

爱多亚路太平洋西菜社，近因新增潮州菜，特于昨晚宴请报界，由郑正秋君致辞介绍潮州菜之特色，略称上海各色菜肴应有尽有，惟于真正之潮州菜尚付缺如，今太平洋西菜社新增潮州菜，不愧首屈一指。而潮州菜中，尤以鱼翅一项较任何菜馆所制者，更为味浓而滋补。盖以潮州菜中之鱼翅，每碗须费三日工夫始制成云。（《太平洋西菜社宴客：新增潮州菜》，载《申报》1930 年11 月 10 日第 10 版）

虽然广告有偏，总而言之，潮州菜在沪上的声名并不彰

显，还可以说势力甚弱。到1935年，杂志上有专节谈上海潮州饮食的文章出来，潮州菜馆也还是只有一家，最好的仍是那家老牌的徐得兴，也只是味道好，陈设装潢却破旧：

广州菜：这个"广州菜"是粤菜中一个总名称，内中还分开三派，一派就叫广州菜，一派是潮州菜，一派是宵夜，无疑的。此中三派，当推广州菜为翘楚了。至于三派的口味，却绝对不同，所以得把它分开来写：

……现在再说潮州菜，然潮州菜亦广州菜之一种，但一样是广东菜，广州和潮州的风味，却绝对不同。全上海的潮州菜馆却很少，除了北四川路有几家外，其余公共租界上却不多见。据我所知，五马路满庭坊里，有一家徐得兴菜馆，却是正式潮帮，里面陈设虽极破旧，但却很有声望。还有法大马路的同乐楼也是潮帮菜馆。这几家最著名的菜，不过内中要算一只暖锅了。平常各帮菜馆所配暖锅，不外放些肉圆、海参、抽糟、肉片、鸡丝、火腿、蛋饺、虾仁等老花样，决不改变，惟他们却别具风味里面放着鱼肉做的饺子，虾和蛋做的包子，再加底里衬的是潮州芋芳，却是又香又脆，令人百吃不厌，然其售价也不昂贵，只须一元左右，读者不妨尝试一下，包管满意。

至于热炒，以海鲜居多，如龙虾、响螺、青蟹、青鱼等，亦为潮帮特色，还有一种装瓶的京东菜，味极可口，门市每瓶约售三四角，亦请读者尝试。（使者《一粥一饭：上海的吃》之四，载《人生旬刊》1935年第1卷第6期）

其实文中提到的法大马路的同乐楼，乃是一家非常有口碑的老牌潮州菜馆，奈何未曾深入人心。这要先从一代名医陈存仁说起。抗战初期，在上海几乎垄断鸦片生意的潮州帮巨商之一郑洽记的后人，也是大导演郑正秋的堂兄弟郑芬煦请陈存仁吃饭，"不知不觉，汽车却开到法大马路一家潮州菜馆门口，阿吴说：'今晚这两位潮州客人要请你吃一餐丰盛的潮州菜。'我明知这两个客人，或有所求，但是上海菜馆虽多，潮州菜馆却只有一家，相传菜肴做得十分好，因为我不会讲潮州话，所以从未去过"。（陈存仁《抗战时代生活史》，广西师范大学出版社2007年版，第144页）法大马路也即公馆马路，正是同乐楼所在地，此菜馆非同乐楼莫属了。能为潮籍鸦片巨商所青睐，档次水准自是毋庸置疑了。只是其资格之老，向无人道及。从其改造新张的声明，可知其初创于清末：

本号开设法大马路大声舞台斜对过，创业以来，十余年遐迩驰名，因房屋翻造告竣，择吉本月初四日开张，亲至广东礼聘厨司，改良卫生，大

汉全席，应时海鲜，随意小酌，美味清洁，堂倌
应酬周到，格外克己，与别不同。法制腊味罐头，
送礼品物，一应俱全。本主人为推广营业起见，
非图渔利可比，承蒙各界诸君请尝一试，自知言
之不谬也。赐顾者请认明本号，庶不致误。同乐
楼谨启。(《新开同乐楼菜馆》，载《申报》1917年
2月25日第2版)

根据文章，我们不妨继续前溯，早在1909年，同乐楼有
过一次"内部升级"的暂停营业："启者：广东同乐楼暂停理
修，择吉开张。"(《择吉开张》，载《申报》1909年12月21
日第8版)依此，我们又可则往前溯，则可溯及1892年之前
即已开张的同乐楼茶寮："同乐楼茶博士施连生陈东生同诉
称：日前乌山船户荣成发等前来啜茗，只索一盏小的，送上
两盏，荣等心滋不悦。至昨日邀同数十人至茶寮，每人占踞
一桌……"(《法界公堂琐案》，载《申报》1892年2月26日
第4版)与后来的同乐楼同属法租界，应属一家，虽然此际为
茶寮，在当时则为粤人"发明"的新式"专利"："茶寮高敞
粤人开，士女联翩结伴来。糖果点心滋味美，笑谈终日满楼
台。"(顾炳权编著《上海洋场竹枝词》，上海书店2018年版，
第158页)

不过从上引使者《一粥一饭：上海的吃》一文看，上海人
过去一直把潮州菜馆看成粤菜馆之一种，而从同乐楼的启示广

告看，他们自己也不愿与粤菜馆区别开来，毕竟既同属一省，而粤菜名气如此之大，可以沾光，为何弃之？如此，则唐振常先生大可不必太介意潮州菜馆的不独立成系了；或许这也是潮州菜馆在沪上不彰显不发达的另一原因——有了广州菜吃，也未必要特别地另觅潮州菜吃。广州菜兴打边炉，潮州菜兴吃暖锅，风尚大体还是一致的——"去冬我同一个潮州同学到四马路书局去买书，经过一家潮州菜馆，那位同学便触起乡情，硬要我同他进去吃一顿潮州菜的十景暖锅，我不便推却，就同他走了进去。"（陈天赐《潮州话》，载《申报》1937年1月25日第16版）

可是，也有"意外"，中华书局1934年出版的《上海市指南》（沈伯经、陈怀圃著）和1935年出版的《上海游览指南》（孙宗复编），均十分推崇潮州菜，尤其是后者，在第三编《起居饮食》中（第61页）介绍各派菜肴及菜馆时，还将潮州菜单列并置于粤菜之前加以介绍说："潮州菜为粤菜中之一派，与广州菜绝不相同。"尽管如此，介绍到潮菜馆时，也又是屈指可数："此项菜馆惟北四川路有之，余则同乐楼（法租界公馆马路）及徐得兴菜馆（广东路，即五马路满庭坊）。擅长之菜，以海鲜为多，如'炒龙虾''炒响螺''炒青蟹'等；而以冬季之暖锅为最佳。内容有'鱼肉饺子''虾蛋包子'及'潮州芋艿'等，风味比众不同，而'京东菜'一味，亦极佳妙，门市可另售每罐约三四角。"

徐德兴（按：尚难查证与上文"徐得兴"是否为同一家）

也曾在食客笔下获得盛誉："潮州菜有人不喜入口者，而予则酷嗜之。今潮州朋友渐少，要过宜请我吃一顿，其人啬刻如余，从未如愿，惟灵犀尚时时施其小惠，醉乐园、徐德兴之美肴，得一快朵颐，胥赖此耳。今日沈遂耕兄，设盛宴于徐德兴，每桌代价达四十金，足为徐德兴最高之菜，亦我人此前所从未尝者，兄以简来，并相告，为志于此，所以示今年口福，正复不恶。"（《东方日报》1940年5月13日第2版）

文中提到的醉乐园，当也是一家潮州菜馆，虽然与早期的著名徽州菜馆同名，此际则确实是一家潮州菜馆了，且与徐德兴并大有故事：

> 潮州菜风味最美，予深嗜之。自作报人，所交潮州朋友甚广，而潮州朋友，又多知名之士，死人中有一个郑正秋先生，亦相识。至今未死者甚多，在上海有陈听潮、郑过宜二兄，在外头有郑应时、蔡楚生二兄，岂非都是知名之士，而常请我吃潮州馆子者，只有听潮一兄。过宜号称有弄堂产业，开典当，然性甚吝啬，从未请我吃过潮州菜，尝设家宴一次，亦叫的会宾楼菜。应时则常在其家请客，厨房是潮州厨房，口腹之惠，至今不忘。楚生不大共游宴，不必请。上海有潮州菜馆两家，一家名醉乐园，一家名徐德兴。徐德兴在打狗桥之一条支巷中，其布置略如本地馆。

两家之菜，有人说，醉乐园美，亦有人言说徐德
兴好，我外行人，辨不大出好歹，以为都甚可口。
惟徐德兴有一奇迹，则此中有女小开一人，为一
汕头摩登女子，风姿殊不恶，其人似受过教育，
思想颇新，口中常在唱歌，客至，咸属目其人，
叹为美色。潮州女人在上海出风头者，陈波儿为
一人，然波儿不大美。老凤先生尝见听潮女公子
文娥女士，谓姿色甚秀丽，予以为凤眼不花，然
老凤若见徐德兴之女小开，定当拍手笑曰：潮州
尤物，又见一人。徐德兴堂倌多，不如醉乐园上
只有一人侍应。昨夜听潮请瓢庵饭于徐德兴，瓢
庵亦赞美潮州菜，惟听潮言，汕头芋艿不能运沪，
故今年之潮州暖锅，及甜芋艿都不及往年可口，
盖皆用本地芋艿为替，本地芋艿便不及潮州芋艿
之入口香松也。（唐僧《怀素楼缀语·潮州菜》，
载《东方日报》1939 年 11 月 13 日第 1 版）

六七年之后，醉乐园甚至其堂倌，还颇为客人念念："东
自来火街口醉乐园菜馆，为潮人所设者；海上潮州食肆不多，
该园地当闹市，座位亦尚整洁，故营业颇盛。潮友郑应时、唐
瑜诸君在沪日，时偕侪辈，就食于是；潮州肴馔，风味颇佳，
故友辈亦颇嗜之。如之方、大郎、小洛辈，俱曾数为座上客，
我以应时之介，亦常过此，遂识侍者庄阿佑……"（乌鸦《记

醉乐园堂倌庄阿佑:"吃"倒账……跳楼自杀》,载《社会日报》1945 年 3 月 3 日第 2 版)

上海潮州菜馆,见诸记载的,应该还有一家,惜不驰名:"杨谦茂律师续任大中药房……岭海楼酒菜社、公泰轮船票局暨经理陈清泉君、上海潮州菜馆暨经理许灿君……常年法律顾问。"(《平准会计事务所俞季逵会计师执行业务通告》,载《申报》1940 年 1 月 15 日第 15 版)

到了民国末年,醉乐园和徐德兴不仅还在,还成了较著名的潮州菜馆,同时又冒出此前名不见经传的较著名的潮州菜馆大华酒家:"潮州菜在上海还不很普遍,较著名的潮州馆子仅有大华、徐德兴、醉乐园数家而已。"以前报章介绍总是说上海潮州菜馆很少,只有一家或两家,现在较著名的就有三家了,而且还有不少潮州菜的食摊,或许就像潮汕或海外的"打冷"(消夜)食摊吧:"傥或读者中有未尝潮州菜者,可至爱多亚路成都路口的一家潮州食摊,尽尝所有潮州特产不过五万元也。又闻南市一带,潮州聚集,潮州、食摊颇多,甚为普罗化,亦不妨一试。"可以说上海潮州菜馆在发展中,在国际视野里更是在大发展甚至大发达中:"潮州菜是享有国际声誉的,在英国、美国、法国诸地都有供应。星加坡第一流饭店的菜单上,且把潮州菜列入食谱首行,由此可知潮州菜之吃香。"(沙士比《推荐潮州菜》,载《时事新报晚刊》1948 年 1 月 17 日第 2 版)

我们知道,民国时期,大华酒楼是一家老牌的川菜馆,潮菜馆大华酒家取名"大华",多少有点蹭"热点"的嫌疑。
今人也说:"大华潮州菜馆初名'大华酒家',1935年由三
位郑姓广东潮州籍厨师来沪合伙开设,原址在法租界东新桥
街(今浙江南路)114号。开业时规模很小,设备简陋,仅
有一开间门面、七八张桌子、六七个职工,所经营的'鱼圆
汤''炒鱼面''炒鱿鱼''鱼胶'等一二十种菜肴,价格便
宜,颇为当地'菜市街'(今宁海东路菜场)一些经营河鲜和
海鲜的业主们所青睐。"所言当是。但又说:"它是沪上最早
的、解放后独一无二的潮帮菜馆,以烹制潮州特有的地方风
味小吃而闻名全市。"(周三金著《上海老菜馆》,上海辞书
出版社2008年版,第165—166页)"解放后独一无二"固
可能,"沪上最早"则完全是耳食之言。至于潮菜馆的海外
发展,在东南亚一带特别是新加坡,如广西荔浦籍诗人潘乃
光著于1895年的《海外竹枝词·星加坡》所述:"买醉相邀
上酒楼,唐人不与老番侔。开厅点菜须庖宰,半是潮州半广
州。"(载雷梦水、潘超、孙忠铨等编《中华竹枝词》,北京
古籍出版社1999年版,第4056页)那是在清末就已足以和
粤菜分庭抗礼了。

此外,还有一种驰名上海向被误为福建出产的"潮州肉
松",也适可为潮菜长脸,且甚有故事:

食谱小菜中有一样"潮肉松",因其发明在
广东的潮州,故此名之,市上称为福建肉松,其

实不然，此种碟菜，原只可供粥菜或小吃时之用，一如京剧中凑热闹的跑龙套，殊鲜价值，倘逢喜庆大宴，或招待外国贵宾，用作正菜献上则必为宾众所鄙视，将被讥为川中无大将，廖化作先锋。

可是，此菜虽不登大雅之堂，而存（成）本至大，着实要些油水，供其吸收，所以开始烹制时，发令第一道，先要扩充工具，多置大小不等锅子。有问，现有锅子，犹嫌锅多菜少，安用再添？幕中人曰：锅子既多，才能得心应手，如玩把戏者。一套一套又一套，竭尽煎熬炸泡抽吸油水的能事，至于攸关老板血本，招致物议等等，概可不管，盖其本系无骨无心灵的吃品，只要本身浸得肥，凭幌子混得过，管它社会上笑骂不笑骂！（在下《如是室乱弹·闲评食谱中的"潮肉松"》，载《春鸣报》1942 年 1 月 19 日第 3 版）

由于潮州菜声名不彰，或者说实过其名，民国时期两个著名写食家，唐鲁孙和梁实秋，都没有写过潮菜馆的故事（当然，如《武汉三镇的吃食》中，唐鲁孙先生也写到江浙菜馆里的潮州名菜，虽可见出潮州菜的传播影响，但毕竟不是潮州菜馆）。梁实秋毕竟还写到过潮州菜和工夫茶，那是在中山大学中文系

黄海章教授父亲黄际遇先生府上，时在 1930 年至 1932 年他们同时任教于国立青岛大学期间；观其所记，却也十分难得。首先就是黄际遇先生的形象生动有趣：

> 黄际遇，字任初，广东澄海人，长我十七八岁，是我们当中年龄最大的一位。他做过韩复榘主豫时的教育厅长，有官场经验，但仍不脱名士风范。他永远是一件布衣长袍，左胸前缝有细长的两个布袋，正好插进两根铅笔。他是学数学的，任理学院长，闻一多离去之后兼文学院长。嗜象棋，曾与国内高手过招。有笔记簿一本置案头，每次与人棋后辄详记全盘着数，而且能偶然不用棋盘子，凭口说进行棋赛。又治小学，博闻多识。

其次是他的家厨所烹潮州菜以及酒后去觅工夫茶更令人印象深刻：

> 他住在第八宿舍，有潮汕厨师一名，为治炊膳，烹调甚精。有一次约一多和我前去小酌，有菜二色给我印象甚深，一是白水氽大虾，去皮留尾，氽出来的虾肉白似雪，虾尾红如丹；一是清炖牛鞭，则我未愿尝试。任初每日必饮，宴会时

拇战兴致最豪，噪音尖锐而常出怪声，狂态可掬。
我们饮后通常是三五辈在任初领导之下去做余兴。
任初在澄海是缙绅大户，门前横匾大书"硕士第"
三字，雄视乡里。潮汕巨商颇有几家在青岛设有
店铺，经营山东土产运销，皆对任初格外敬礼。
我们一行带着不同程度的酒意，浩浩荡荡地于深
更半夜去敲店门，惊醒了睡在柜台上的伙计们，
赤身裸体地从被窝里钻出来（北方人虽严冬亦赤
身睡觉）。我们一行一溜烟地进入后厅。主人热诚
招待，有姿婉小童伺候茶水兼代烧烟。先是以工
夫茶飨客，红泥小火炉，炭火煮水沸，浇灌茶具，
以小盅奉茶，三巡始罢。然后主人肃客登榻，一
灯如豆，有兴趣者可以短笛无腔信口吹，亦可突
突突突有板有眼。俄而酒意已消，乃称谢而去。
（《酒中八仙——记青岛旧游》，见《雅舍忆旧》，
江苏人民出版社 2014 年版，第 122—123 页）

黄际遇教授英年早逝，生平事迹渐不显于后世，一代学术
大师饶宗颐先生早年曾撰专文以致敬意，节录如次，于本文也
大有裨益：

先生未冠，已毕四书五经，年十四，补博士
子弟员，十七东流扶桑，入东京高等师范学校数

理科，暇偕陈衡恪、黄侃，从余杭章炳麟游，兼
治文字音韵之学；庚戌殿试中格致科举人，任天
津高等工业学校教授。民国三年，任武昌高等师
范学校教务长。前后十年，中间于民国九年奉教
部派赴欧美考察教育，于芝加哥大学攻治数学，
留美二年，得硕士学位。归，历任中山大学教授，
北京师范大学教务长，河南大学校长，青岛大学
文理学院院长，为维护河南大学，曾聘任河南省
教育厅厅长，非其志也。九一八后，睹边事日非，
于民国廿四年，复返粤中山大学任理学院数天系
主任兼文工两学院教授……其学长于数理分析，蜚
声国际，尝发明一定积分定理，著有《Gudepman
函数之研究》《潮州八声误读表》《班书字说》，及
《畴庵数学论文集》。（饶宗颐《黄际遇教授传》，
载《海滨》1948 年复刊第 2 期，第 97 页）

○ 广州当年也寂寥 ○

潮汕滨海，靠海吃海，上焉者为海商，下焉者为海盗；为
海商者，驾起红头船，北上上海天津，南下香港南洋，而以香

港南洋为盛；所以，上海潮州餐馆不甚兴，而南洋新加坡则
是："买醉相邀上酒楼，唐人不与老番侔。开厅点菜须庖宰，
半是潮州半广州。"（晟初《海外竹枝词·星加坡》，载《侨声》
1942年第4卷第6期，第71页）相对而言，省城广州，反不
是潮汕人的"菜"——晚清民间有关潮汕人的活动记录不多，
有关潮州菜馆的报道则更少。

据《广州文史资料》第四十一辑（广东人民出版社1990
年版）陈国贤《独具一格的潮汕风味》所述，潮菜名厨朱彪初
声名大著，是在1957年到华侨大厦主理潮州菜之后，令潮籍
人士宾至如归，享誉海内外，因为周总理的青睐，还曾应邀北
上。但他们兄弟初来广州时，只是在惠福东路大佛寺街口开设
"朱明记"大排档，主营的也只是潮州鱼品粉面、煲仔饭，筵
席则不过兼营包办。之所以只有这种小格局，是由于那时广州
还没有专门的像样的潮州菜馆，关键是潮人聚集不够，没有像
样的市场环境。除朱氏兄弟的朱明记外，另一家位于一德东路
一家叫"侨合"的小店，认真经营地道潮州小食如煎蚝烙、炒
粿条、沙茶牛肉等，也有声名。除此之外，即便像上海太平洋
西菜社那样，聘请潮汕名厨主理新增的潮州菜的情形，也并不
多见。其中较有名的，在民国时期，首推沙面胜利大厦，因为
经理是潮州人，故有特聘潮州名厨精制的潮州菜式和美点，颇
能为潮菜开道。再后来，新的南园酒家1963年在海珠区开业，
1964年聘得潮州大厨李树龙，也开始供应潮州风味菜式，但
李先生此前售艺于潮汕福建一带，不谙广州市场，影响终究有

限。关键是，这已远离民国，非本文所关注讨论了。

网上搜检到汕头饮食文化名家张新民先生发表在《汕头特区晚报》上的一篇文章《潮菜厨师竞风流》，认为潮州菜"始于潮州，兴于汕头"，并提供了一份"汕头开埠百年潮菜厨师历代表"，说第一代潮菜厨师活动时间是在 20 世纪 20 至 40 年代，"第三代大师"活动时间是在 20 世纪 50 至 70 年代，代表人物有朱彪初等 11 人。如此，则与外埠的观察，基本一致。同时，也说明市场对于饮食业的发展的重要性，尤其是声名外传的重要性。

但是，不能声传于外，不能食传外埠，并不妨碍本地饮食业的繁荣发达。相对而言，潮汕僻在一隅，但饮食之盛，亦常见于外间报道。如《十日谈》1934 年第 34 期胡笳的《汕头小景》所描述的潮汕饮食盛况，就令人印象深刻："汕头人可谓得天独厚，对于吃的方面十分丰盛，鱼虾海味以及生果之类，出产极富。汕头人之匆匆忙忙好像都为着吃，市面上的铺子，关于吃的就非常多，点心店、茶楼、饭馆、鱼生店、蚝肉店、炒菜牛肉店，真是有些数不清楚。"《旅行杂志》1938 年第 11 期记者海客的《潮汕之行》，则对潮阳北郊小北岩寺庙的素菜十分倾心，"不惜费了二只袁头，食素菜四味，果然清香适口，名不虚传"。那主要是因为油好："闻说所用炒菜的油，是经过三年埋藏地下，然后才拿出来用，故比较平常的豆油不相同。"要是用现在的地沟油炒，恐怕也难以下咽。

此外，上海的《群言》杂志还报道了其他媒体罕及的汕头

食蛇的新兴景象，值得附记于此：

　　汕市最近出现了一种新行业，每日街上经常发现许多卖蛇人，手提蛇笼，沿街叫卖。而许多三月不知肉味的市民，因蛇价远比猪牛肉价为低，所以纷纷向他们购买；通常每条二三斤的蛇，售价只十五万元至二十万元，但猪肉一斤便要二十七八万元。由于蛇的销路好，捕蛇的人便慢慢多起来，有远从饶平、丰顺等山搜捕来汕应市的。现在汕市吃蛇人，已经不只是从前的富商巨贾，一班贫民们也吃得起了，许多人用以煎稀饭，或则以之煮汤，炒生果，不像过去富户们那般讲究。(《中外猎奇：汕头市民大吃蛇肉》，载《群言》1948 年第 6 期，第 10 页)

奇技谋生

粤籍学生的艰难食事

改革开放之后，国内各地之间也相应地相互开放，北方的人南下广东，仿佛到了异域般，发现广东人什么都吃，除了天上飞的飞机、地下爬的汽车都可以弄来吃的段子，就是20世纪80年代传起来的。其实这种说法，早已有之；笔者梳理民国饮食文献，所见多是。这种什么都吃，什么都敢吃，在从前，特别是在艰难时世，还真是大有助益。

著名画家、前广州美术学院教务主任谭雪生教授在《抗战时期的国立艺专》一文中，回忆到他抗战期间随国立艺专四处播迁的艰苦生活，其中写到1942年他们辗转迁移到重庆嘉陵江畔磐溪角之后，为了改善一下苦不堪言的生活，他们几个广东籍同学常常会到野外猎捕一只家狗焖来吃，是连即便平常排斥吃狗肉的老师都会闻香而至的："冬天，广东同学常在教室

火炉上煲不用钱的狗肉，老师们嗅到香味也就会不请自来。活在艰难时日，彼此都用不着虚假客气。"（见《烽火艺程——国立艺术专科学校回忆录》，中国美术学院出版社1998年版，第31页）

其实，且不说在陪都重庆，即便在红都延安，广东籍学生也会施此"故技"。2018年6月9日《上海书评》刊发了许礼平先生的《吴南生的早年经历》，说抗战期间，吴先生从重庆红岩八路军办事处去延安，进延安中央党校为二部学员。"延安生活却是艰苦的，晚饭时黑沉沉的，苍蝇又多，看不清吃的是什么，夹菜往嘴里一咬，没声音的是豆豉，'必'一声的是苍蝇。城市长大的人实在受不了。延安也有人养狗，若狗儿走失了，狗主辄骂，定是小广东偷去食了。"想想，狗主之骂，必是有缘故的；生活如此之艰苦，偷条狗改善生活，是绝对有可能的。

对于广东以外的人来说，弄条狗吃肉容易接受，教授们闻香近狗肉也很自然，弄条蛇来打牙祭，可就不那么简单了。谭雪生这方面的本事，更闻名于师生之间。他的同学李承仙回忆国立艺专重庆磐溪角时期的生活，特别惊异于谭雪生的捕蛇烹蛇奇技：

> 有一次我们去游泳。我们几个女生发现了一条菜花蛇，罗婉仪就说赶快叫小谭。小谭（谭雪生）来了，他就像一位阿里巴巴式的英雄，毫不

畏惧，追到菜花蛇，抓起蛇的尾巴狠命砸，他说砸蛇要砸七寸的部位，果真不一会把蛇砸死了。他就开始剥蛇皮，又当主厨，俨然一位战时总指挥。司徒杰作助手，同学们分别备料，有的回宿舍取铜面盆，有的到集市上买来酒和调料，有的回学校取来各人餐具，就这样我们在水磨下面作了一顿蛇肉餐。万事俱备，由谭雪生主持烧煮，他说起了包公案中一个吃蛇肉的案子，大意是：一家主人突然死亡，家人告到官府，经包公实地破案，才查出是在廊下煮蛇肉，蛇肉很香使梁上的毒蛇流涎，毒液滴进锅里，主人吃了有毒液的蛇肉，立即致死。讲得我们毛骨悚然。他说这就是为什么他要用铜面盆在露天烧煮蛇肉的缘故。蛇肉煮好了，谭雪生说，请大家用餐吧。我们几个胆小的女生很想尝蛇肉的滋味，但又怕到铜盆里去夹蛇肉。小谭理解我们的心情，他在我们碗里盛上蛇肉和汤，我闭着眼睛把蛇肉送进口中，蛇肉的确鲜美细嫩。从抓蛇肉到吃下肚里，是我生平第一次，也是仅有的一次。1987年我去广州见到谭雪生，当时他与关山月先生一起来会见常书鸿和我，我与谭雪生提起吃蛇肉的往事，常书鸿先生夸奖谭雪生这个文质彬彬的画家有这样的本领。（李承仙《名师·游泳·吃蛇肉》，见《烽

火艺程——国立艺术专科学校回忆录》，中国美术
学院出版社 1998 年版，第 147—148 页）

　　从文中罗婉仪的反应，可看出谭雪生绝非第一次显示捕蛇
烹蛇的身手了。至于为什么要露天烹蛇，在我"永州之野产异
蛇"的故乡永州的说法是，防止蛇的"亲人"寻踪报仇。李承
仙后来嫁给了有"敦煌守护神"之誉的前敦煌艺术研究所所长
常书鸿先生，故有引文结尾之说。

　　在海外，留学生生活除了物质生活相对艰苦外，还有故乡
风味缺乏的别样的辛苦——中餐馆故可聊解乡味之馋，但不是
那么容易消受得起的。方此之际，有奇技的广东籍学生便又可
大显身手了。据唐鲁孙先生说，江苏南通籍的保君健在哥伦比
亚大学留学时，室友汤家煌家族世代在广州开蛇行，从小就练
成了一把捉蛇高手。"留学生天天吃热狗三明治，胃口简直倒
尽，汤君偶或逢周末，有时约了保君健郊游野餐，总带一两条
活蛇，到野外现宰现炖，两人大啖一番。起初保君健心里对吃
蛇还有点吓丝丝的，后来渐渐也习惯了蛇肉煨汤滑香鲜嫩，比
起美国餐馆的清汤浓汤，自然要高明多多。从此两人不时借口
外出度周末，就到郊外换换口味解解馋。"令梁寒操（广东高
要人，官至国民党中宣部部长）都羡慕嫉妒恨的是，有一天时
任财政部税务署署长的同乡谢祺跟他说："谈吃蛇，我们谁也
比不了保君健，他曾经吃过子母蛇的七蛇大会呢。"这奇迹当
然得归功于汤家煌。他们在校园里散步时，曾无意中发现一处

蛇穴，照蛇游行过草上残留的蛇迹，直跃而行，猜想是蛇中珍品子母蛇，同时蛇已怀孕，就要生产，可是还不能百分之百确定。蛇类都是卵生，只有子母蛇是胎生，据说，用子母蛇疗治五痨七伤特具神效。尤其是刀伤枪伤，凡是吃过子母蛇的人，就是遭受武器伤、火药伤，伤口愈合要比普通人快出一倍，所以军中朋友视若瑰宝。这种子母蛇，在两广一带已经稀见，居然在加州碰巧遇上，他们将公蛇母蛇幼蛇窝里堵一举成擒。于是大家兴高采烈一同到了旧金山一家专门供应蛇宴的酒家，用全蛇加上子母蛇来了一次百年难遇的七蛇大会。他们同时约酒家老板入座大嚼，这种盛馔千金难求，饮啜之余，老板一高兴，连酒菜都由老板侍候啦。（唐鲁孙《天下味·蛇年谈吃蛇》，广西师范大学出版社 2004 年版，第 124 页）

当年要是有机会留学美国，相信谭雪生也同样能大显身手，让他的同学享尽粤人口福的。

后 记

十几年前，我初涉岭南饮食文化史研究，在《南方都市报》开写《岭南饕餮》专栏（结集为《岭南饕餮：广东饮膳九章》出版）时，首先想要搞清的就是"食在广州"的得名及其渊源。由于这个专栏主要限于古代部分，下限触及民国，初步探索的结果，认为岭南饮食文明的彰显，实在是晚近的事，特别是一口通商（包括明代）之后所积累的物质生活的高度繁华有以致之，但其被广泛接受，获得并叫响"食在广州"的招牌，从"文献可征"的层面，应该到晚清民国之际，又特别与作为文化传播中心的上海有莫大的关系。稍后在南方都市报再辟《民国味道》专栏（结集为《民国味道：岭南饮食的黄金时代》出版），则基本可以确认初探结果，并渐渐获得广泛的认可，包括业界人士。

由此进一步认为，其实不啻粤菜，其他七大以及诸家菜系的形成，莫不与跨区域饮食市场的形成与传播有关系，这都是晚近以来的事，特别是与抗战播迁有关。于是在撰写几本应命之作如《广东味道》《岭南饮食随谈》《岭南饮食文化》的同时，致力钩沉探索饮食文化的传播，并先期出版了《海派粤菜与海外粤菜》与《饮食西游记：晚清民国海外中餐馆的历史与文化》，这本《粤菜北渐记》则专注国内，稍后将再撰《川菜东征记》《民国饮食地图》等。

此后，如果有余力，则再转向老菜谱的搜集与撰述，毕竟饮食的历史及其文化，最核心的要素还是菜谱，无菜谱，多少都有"游谈无根"的感觉。这方面，我已出版了《民国粤味：粤菜师傅的老菜谱》，这本书主要是搜集公开的历史文献。拟议中的下一本菜谱书《粤菜梦华录：老菜谱里的食在广州》，则几乎完全利用收藏家们的抄本资料，自信当更于世有补。

说完题外话之后，回头还要致谢。本书所有文章，均曾先期发表，以便接受报刊和读者的检验，根据各方面的反馈，再认真修订完善，以便出版后更能满足读者的期待。为此，要深深感谢上海的《书城》《上海书评》《大都市》、广州的《同舟共进》《羊城晚报》《南方都市报》《广州文艺》、深圳的《证券时报》、长沙的《书屋》以及转载相关文章的北京的《作家文摘》、上海的《澎湃新闻》和成都的《文摘周报》等的诸位编辑老师。更要感谢罗韬兄赐序。胡文辉师兄说：罗韬之序，岭南第一。今我获赐，幸何如之！

2021 年初冬于广州逸雅居

图书在版编目（CIP）数据

粤菜北渐记 / 周松芳著. —上海：东方出版中心，
2022.8
  ISBN 978-7-5473-2006-8

  Ⅰ. ①粤… Ⅱ. ①周… Ⅲ. ①粤菜－饮食－文化－通
俗读物 Ⅳ. ①TS971.202.65-49

中国版本图书馆CIP数据核字（2022）第101744号

粤菜北渐记

著　　者　周松芳
责任编辑　张芝佳
封面设计　钟　颖

出版发行　东方出版中心有限公司
地　　址　上海市仙霞路345号
邮政编码　200336
电　　话　021-62417400
印　刷　者　上海万卷印刷股份有限公司

开　　本　890mm×1240mm　1/32
印　　张　9.625
字　　数　178千字
版　　次　2022年8月第1版
印　　次　2022年8月第1次印刷
定　　价　49.80元